ここはハズせない
乳牛栄養学
～粗飼料の科学～

大場 真人

はじめに

どうして乳牛には粗飼料を食べさせるの？

　このような質問をされたら、皆さんはどのように答えますか？
「粗飼料は乳牛の主食だから……」
「乳牛は反芻動物だから……」
「乳牛の栄養管理の常識！」
　という答えでしょうか。

　「乳牛は反芻動物だから粗飼料を食べさせるのは当たり前のこと。考えもしなかった……」
と言われる方もおられるかもしれません。乳牛は反芻動物ですが、野生動物ではなく、家畜、
言い換えれば産業動物です。そして、乳牛に何を食べさせるかを決めるのは「ビジネス判断」
です。一般的な乳牛の栄養管理で、粗飼料は乳牛が食べているものの半分以上を占めますし、
農地が十分にない地域では、海外から乾草を輸入することまでして乳牛に給与しています。「常
識」あるいは「慣習」という言葉だけで、深く考えずに粗飼料を与え続けるのは問題です。「な
ぜ乳牛に粗飼料を食べさせているのか」をハッキリと意識することは、乳牛の栄養管理の基
礎になります。

　1年半前に出版した『ここはハズせない乳牛栄養学の基礎①〜乳牛の科学〜』、たくさんの
方に読んでいただきました。本書は、その続編として、粗飼料に焦点を当てて、乳牛の栄養
学の基礎をさらに考えていただければと思い執筆しました。読者の皆さんが乳牛の栄養管理
を考え、向上させていくヒントを少しでも多く本書から得ていただければ幸いです。

2020 年 8 月

大場 真人

目次

第1部

ここはハズせない
粗飼料の質
の
基礎知識

第1章 粗飼料を理解しよう

▶粗飼料は乳牛の主食？

　「粗飼料は乳牛の主食だ」と言う人がいますが、そもそも「主食」とはどういう意味でしょうか。日本人の場合、コメが主食だと考えている人は多いと思います。日本人が伝統的に毎日食べてきたものですし、日本人としての思い入れもあります。私自身、北米に25年以上住んでいますが、一日三度の食事は、ほぼすべてコメです。主食とは「毎日食べるもの」あるいは「主なエネルギー源・栄養源」と定義できるかと思います。

　これまでの数千年の畜産の歴史で、粗飼料は乳牛の「主食」としての役割を果たしてきました。例えば、遊牧民は穀類を栽培するのに適さない土地で生活してきました。降水量が足りないため穀類の栽培はできません。しかし、かろうじて草が生える程度の環境があれば、そこで家畜を飼い、生活していけます。必然的に、草が家畜の主食になりました。

　穀類が生産できる土地であっても、穀類を収穫した後には、人間が食べられないものが残ります。例えば、小麦を収穫した後にはワラが残ります。人間はワラを食べられませんが、乳牛はワラを食べてエネルギー源にできます。ワラ1kgには、約1.4kgの乳を生産できるエネルギーが含まれています。ある程度のワラがあれば、冬の間でも、乳牛やヤギを飼い、乳を毎日搾ることで、一年を通じて食べ物を「収穫」できますし、チーズやヨーグルトも作れます。冬の間も家畜を育てて、肉として「収穫」することもできます。

「穀類の栽培に不向きな草原」も「ワラ」も、そのままの形では人間が利用できないものです。人間が利用できないものを、家畜を介することで高栄養の食品に変えようというのが畜産の原点です。このような視点から考えてみると、乳牛の主食は「粗飼料」である必要がありました。人間が利用できないものの象徴が「粗飼料」であり、それゆえ粗飼料は「乳牛の主食」としての立場を築いたとも言えます。

多くの乳牛にとって粗飼料は「主食」と言えるかもしれませんが、栄養面のことだけを考えると「どうしても粗飼料でなければ絶対ダメだ」という必然性はありません。粗飼料以外のものからでも、エネルギーや栄養を摂取することは可能ですし、極端な話、粗飼料を給与しなくても乳牛は必要とする栄養分を摂取できるからです。

人間の主食と考えられているものでも、地域や文化、環境に応じて大きな違いがあります。欧米人であれば「パンが主食だ」と考えている人もいれば、「肉が主食だ」という食生活を送っている人もいます。ベジタリアンに同じ質問をすれば「野菜・果物だ」と言うかもしれません。同じ日本人でも、若い人は「カップ・ラーメンが主食だ」となっているかもしれません。このように「主食」とは、特定の食品である必要はありませんし、どんなものでも「主食」になり得ます。

実際にどれだけのエネルギーやタンパクを供給しているのかという視点から考えると、高泌乳牛の主食は「穀類」です。穀類には、粗飼料の2倍近くのエネルギーが含まれており、一般的な飼料設計で乳牛の一番主要なエネルギー源となっているのは穀類であり、粗飼料ではありません。主食と考えられているものが、実際にはエネルギー源や栄養源になっていないケースは多々あります。

例えば「日本人の主食は？」と聞かれて、たいていの人は「コメ」と答えると思いますが、実際にコメは日本人が必要としている栄養の何％を供給しているのでしょうか。朝はトーストを食べ、昼は蕎麦、夜は酒を飲んだ後の〆にラー

メンという人もたくさんいます。「糖質制限のダイエット」をしている人もいます。コメは、伝統的な価値観（？）から、日本人の主食の座を守り続けているかもしれませんが、実際の日本人の食生活は多様化しています。私は、乳牛の粗飼料も同じではないかと考えています。

　「乳牛に粗飼料は必要だ」というのは、栄養管理の常識ではありません。私は「日本人にはコメが必要だ」という考え方には文化・環境・伝統的な視点から大賛成ですが、純粋に栄養学的な視点からだけ考えると、主食がコメである必要はありません。それと同じです。粗飼料は伝統的に乳牛の主食の座にありましたが、**粗飼料を聖域視する必要はない**と考えています。

　ただ、粗飼料を給与していれば、自然に充足させられていた栄養素のバランスも、粗飼料なしで済まそうと思えば、一つ一つ考えていくことが求められます。粗飼料を給与していれば、反芻動物のルーメン機能を簡単に維持できるかもしれません。粗飼料を給与しなくてもルーメン機能は維持できますが、そうしようと思えば、乳牛の消化生理を十分に理解して適切な対応を取ることが求められます。栄養管理のハードルが上がるわけです。

　ここで私が言いたいことは、「乳牛の主食は粗飼料」「反芻動物には粗飼料が必要」という概念に縛られ、思考をストップさせるべきではないということです。「常識」という一言で済ませるべきではありません。高泌乳牛は野生の反芻動物ではありませんし、乳牛の栄養管理は、コストも考慮しなければならないビジネス・経済活動だからです。最終的には、乳牛に粗飼料を給与する栄養管理を行なうかもしれません。しかし、「粗飼料がなぜ必要か」ということを突き詰めて考えたうえで粗飼料を給与するのと、「常識だから……」と何も考えずに粗飼料を給与することの間には大きな差があります。

▶粗飼料のポテンシャル

「粗飼料を聖域視するな」と言いましたが、そのためには、粗飼料の持つ「ポテンシャル」と「限界」の両方を正しく把握することは必要不可欠です。粗飼料にはどれくらいの産乳効果があるのでしょうか。次に、その点を考えてみましょう。乳牛が草だけを食べた場合、どれくらいのエネルギーや栄養分を摂取し、どれくらいの乳生産が可能になるのでしょうか。

飼料設計ソフトを使って設計すると「エネルギー乳量」と「可代謝タンパク乳量」が出てきます。この数値から、エサに含まれるエネルギーやタンパクからどれくらいの量の乳生産が可能かを知ることができます。遊び心で、生長期のグラスだけを乾物ベースで1日20kg、乳牛に給与する飼料設計をしてみました。放牧を想定したシミュレーションですが、「エネルギー乳量」は31.7kg／日に、「可代謝タンパク乳量」は30.7kg／日になりました（**表1-1-1**）。これは、摂取するエネルギーからは31.7kgの乳量を出せる、摂取するタンパクからは30.7kgの乳量が可能だという意味です。グラスの乾物が15%（水分85%）と想定すると、これは1日に現物で130kg以上食べることに相当しますが、それだけの量を喰えれば、乳牛は粗飼料だけで30kg以上の乳量を出せるのです。

もし、乾物ベースで1日に15kg（現物：100kg）しか喰えない牛であれば、どうでしょうか。飼料設計ソフトに、そのように入力してみると、「エネルギー

表1-1-1 放牧だけで可能な乳量

乾物摂取量（kg／日）	エネルギー乳量（kg）	可代謝タンパク乳量（kg）
15	21.0	21.9
20	31.7	30.7
25	41.9	39.7

乳量」は 21.0kg ／日に、「可代謝タンパク乳量」は 21.9kg ／日になりました。乳量が 20kg 程度の牛であれば、粗飼料だけでもエネルギーやタンパクを十分に供給できることを示しています。

　仮に、乾物摂取量が 25kg（現物摂取量：167kg）の高泌乳牛であれば、「エネルギー乳量」は 41.9kg ／日に、「可代謝タンパク乳量」は 39.7kg ／日になります。実際には、そんなに大量の草を喰える牛はいないかもしれませんが、理屈のうえでは、これが粗飼料の持つポテンシャル、潜在力です。

▶乾草・サイレージの栄養価

　今まで、放牧を例にとって考えてきましたが、乳牛の栄養管理で放牧している方は少数派です。ほとんどの酪農家は、粗飼料を乾草やサイレージという形で利用されていると思います。次に、生草（放牧草）と乾草・サイレージの栄養成分にどのような違いがあるのかを考えてみましょう。

　生草と乾草・サイレージの最も大きな違いは、収穫時の生育ステージです。放牧している牛に収穫される（食べられる）牧草は、基本的に生長期のものです。センイが少なく、糖分が高く、タンパク濃度も高く栄養価の高い牧草です。しかし、生長期の牧草であれば、収量を十分に確保することができません。収穫の仕事効率を考えると、乾草やサイレージを作るために生長期の牧草を使うことは非常に困難です。乾草であれば予乾するのにも長い時間が必要になります。そのため、乾草やサイレージは生草と比べて、生育ステージが進んだ時点で収穫することになるため、栄養価がどうしても低下してしまいます。

　具体的には、センイ（NDF）濃度が高くなり、タンパク濃度が低くなります。植物は風が吹いたり雨が降っても倒れてしまわないように、成長するにつれ、ある程度の強度を必要とします。植物はセンイをリグニン化させることで、この強度を獲得します。リグニンは動物では骨格にあたるものと言えるかもしれ

ません。「骨のある」倒れにくい牧草は、裏返せば「固くて消化しにくい」牧草です。リグニン化されたセンイは、ルーメン微生物も取りつきにくく、生育ステージの進んだ牧草は消化率も低くなります。

　飼料設計ソフトを使って、生育ステージの異なる牧草を1日20kg食べさせるという「飼料設計」をしてみました。その結果を表1-1-2に示しましたが、まず「エネルギー乳量」と「可代謝タンパク乳量」の違いに注目してください。「エネルギー乳量」よりも「可代謝タンパク乳量」のほうが低いということに気がつくかと思います。これは、粗飼料だけを給与した場合、実際の乳量を決める要因が代謝タンパクの供給量であることを示しています。例えば、25kgの乳量を出せるエネルギーを乳牛に供給しても、20kgの乳量を出せるタンパクしか与えなければ、実際の乳量は20kgになります。タンパクが足りないからです。余分に摂取したエネルギーは乳生産に使われず、脂肪として蓄えられることになります。表1-1-2に示した計算結果は、粗飼料だけを給与すれば、タンパクの給与が最大乳量の制限要因になることを示唆しています。

　放牧草はセンイ（NDF）が少なくて消化率が非常に高く、タンパク濃度も高いため、高乳量が可能になります。タンパク含量の高い放牧草を乾物で20kg食べれば、約30kgの乳量が可能になると述べましたが、生育ステージが

表1-1-2 生育ステージの異なるグラスの栄養価と20kg／日の乾物摂取量が供給するエネルギーとタンパク

	NDF (%)	CP (%)	エネルギー乳量 (kg／日)	可代謝タンパク乳量 (kg／日)
放牧草	45.8	26.5	31.7	30.7
グラス乾草（早）	49.6	18.0	27.9	19.6
グラス乾草（中）	57.7	13.3	25.3	18.8
グラス乾草（遅）	69.1	10.8	21.5	12.2

進んだ乾草の場合、同じ乾物 20kg を食べても、乳量は 20kg 以下になってしまうことが**表 1-1-2** から理解できます。刈り遅れのグラス乾草であれば、乳量は 12kg 程度になります。このように、牧草は生育ステージが進むにつれ、センイ（NDF）が増えて、タンパク含量が少なくなり、摂取するエネルギーやタンパクから可能になる乳量も直線的に低下してしまいます。

「乳牛に粗飼料だけを喰わせれば何 kg の乳量が可能か？」という質問に対する現実的な答えは、「15 〜 20kg」くらいかもしれません。ここで示した計算結果は、粗飼料の持つ限界も教えてくれます。高泌乳牛のピーク乳量は 50kg ／日を超えます。高泌乳牛の場合、どんなに良質の牧草を大量に食べさせても、粗飼料だけでエネルギーや栄養要求量を充足させることは不可能です。乾草のように生育ステージが進んだ状態で収穫される牧草だけを給与するのであれば、20kg 程度の乳量が限界です。粗飼料以外のものを給与しなければ、乳牛は栄養失調になってしまうことが理解できます。

▶早起きは三文の損

粗飼料の質に影響を与えるのは、収穫時の生育ステージだけではありません。収穫の時間帯によっても、粗飼料の栄養価は変化します。少し考えてみましょう。

下記の四つの牧草の中で、栄養価が最も高い牧草はどれだと思われますか？
A　早朝に刈った牧草
B　正午頃に刈った牧草
C　日没時に刈った牧草
D　夜間に刈った牧草

イメージとして、朝露で濡れ、新鮮・爽やかな印象を与える早朝の牧草は栄養価が高そうに思えるかもしれませんが、正解は C の「日没時に刈った牧草」

です。

　収穫前の牧草の糖含量は24時間変化します。植物が光合成をするというのは、読者の皆さんもご存知だと思います。二酸化炭素を吸って酸素を出し、光のエネルギーを使って糖分を作り出します。正確には、「光エネルギーを使って水を分解して酸素を作り、二酸化炭素から糖を合成する」のですが、細かいことはさておき、動物とは真逆の代謝を行ないます。しかし、光合成を行なえるのは、太陽の光を利用できる昼間だけです。光合成の行なえない夜間は、動物と同じように呼吸をし、酸素と炭水化物を消費して、二酸化炭素と水に変えてしまいます。というよりも、植物の呼吸は24時間続きます。光合成が可能な昼間は、プラス・マイナスの合計が「糖含量を増やす」という結果になりますが、光合成できない夜はマイナスだけなので「糖含量が減る」という結果になります。

　このような植物のエネルギー代謝を考えると、牧草の糖含量が24時間を通じて変化することは簡単に理解できると思います。牧草の糖含量を比較すると、夕方は一日の光合成を終えたばかりなので、糖含量が一番高い時間帯です。それに対して、早朝は植物が仕事を始める前であり、前日の蓄えを使った後の、糖含量が最も低くなる時間帯です。いわば、「出がらし状態」の牧草です。その時間帯の牧草を収穫するよりも、夕方に牧草を刈り取るという方法は、非常に賢い方法です。牧草が昼間、一生懸命に働いて蓄えたものを、根こそぎ回収するという、ヤクザ顔負けの非常にブラックなやり方と言えるかもしれませんが……。

　ここで、早朝（午前6時30分〜10時30分）に刈ったアルファルファのロール・ベール・サイレージと、日没時（午後18時30分〜21時45分）に刈ったアルファルファのロール・ベール・サイレージの栄養成分と、それらのサイレージを給与された牛の反応を評価したカナダで行なわれた研究データを紹介したいと思います。予乾時間は、日没時に刈られたものが約48時間、早朝に刈られたものが約30時間でした。

　まず、栄養成分の違いですが**表 1-1-3** に示しました。日没時に刈り取られたアルファルファは、糖分が高く、そのぶん NDF（センイ）と CP（タンパク）が低くなっていることが理解できます。NDF と CP 濃度が低くなっているのは、それらの絶対量が少なくなっているのではなく、糖含量が増えたことによる影響だと考えられます。濃度は％で示され、その合計は 100％になるからです。何かが増えれば、別のものの濃度は相対的に減少することになります。

　この試験で使われたのは泌乳後期の牛だったので、濃厚飼料は給与されず、牛はロール・サイレージを飽食し、ミネラルとビタミンだけがサプリメントされました。試験結果を見ると、日没時に刈られたロール・サイレージを給与された牛は、乾物摂取量と乳量が高くなり、乳成分に違いは見られませんでした

表 1-1-3　早朝と日没時に刈られたロール・ベール・サイレージの栄養成分（Brito etal., 2008）

	日没時に刈り取り	早朝に刈り取り
DM、%	53.7	52.4
糖、% DM*	8.9	6.8
デンプン、% DM*	1.7	1.1
NDF、% DM*	39.1	40.8
CP、% DM*	17.9	18.9

* 統計上の有意差あり

表 1-1-4　早朝と日没時に刈られたロール・ベール・サイレージを給与された乳牛の反応（Brito et al., 2008）

	日没時に刈り取り	早朝に刈り取り
乾物摂取量、kg ／日 *	19.9	19.0
乳量、kg ／日 *	20.1	19.2
乳脂率、%	4.04	3.96
乳タンパク率、%	3.18	3.16

* 統計上の有意差あり

（**表 1-1-4**）。乳牛は、早朝と日没時の牧草の栄養成分の違いを感じとることができ、その差は生産性にも影響を与えることを、この研究データは示しています。

　朝早く起きて牧草を刈り始めるよりも、日中は牧草に「働かせて」栄養分を蓄えさせ、日没頃に牧草を刈り取ることで、そのアガリをそのまま頂戴するというスタイルのほうが、良質の乾草・サイレージを収穫できるというわけです。「早起きは三文の損」と言えるかもしれません。

▶粗飼料：自給 vs. 購入

　乳牛に粗飼料を給与するのはなぜでしょうか？ この質問への答えは、酪農家の粗飼料基盤によって異なります。

　粗飼料を自給している酪農家の場合、「飼料コストを下げる」ことが粗飼料を給与する主な理由となるかもしれません。粗飼料を多給することで穀類やタンパク源となる購入飼料の量を減らすことができるからです。エネルギー濃度やタンパクなどの栄養成分が高い粗飼料を利用できれば、購入飼料の給与量を減らしても乳牛の生産性を維持でき、生産コストを大きく削減できます。この場合、「粗飼料の質」は、粗飼料の消化性や栄養成分として定義できるかもしれません。

　その一方で、粗飼料を購入している酪農家では、粗飼料が必ずしも一番安価な飼料原料ではないケースが多々あります。とくに、エネルギー 1Mcal あたりの価格で見た場合、粗飼料は高価な飼料原料となるケースもあります。この場合、粗飼料を多給することは、飼料コストを軽減させることにはなりません。では、なぜ粗飼料を給与するのか？ この場合、粗飼料給与の主な目的は、ルーメン機能を維持し、乳牛の健康を維持することになります。ルーメン機能の維持という視点から考えると、「粗飼料の質」は消化性や栄養成分ではなく、物理性（切断長）により定義することが求められます。粗飼料の切断長は、反芻

時間に大きな影響を与えるからです。

　もっとも、粗飼料の物理性が重要であるとは言っても、牛が十分な量を喰い込めるだけの嗜好性の高いものを給与することは前提条件となります。牛が喰わなければルーメンに入ることもなく、ルーメンに入らなければ、ルーメン機能を維持することも牛に反芻させることもできないからです。

　このように、「粗飼料に求めるもの」、言い換えると「粗飼料の質」の定義は、それぞれの酪農家の粗飼料基盤や経営環境により異なるため、柔軟な考え方をすることが求められます。

　粗飼料に関して、北米と日本では、大きく事情が異なります。そして日本国内でも粗飼料を自給している地域と、全面的に購入に頼っている地域では、「粗飼料に求めるもの」が大きく異なります。

　アメリカの一般的な酪農家や、日本でも自給粗飼料を軸にした飼料基盤を持つところでは、粗飼料のコストのほうが、穀類のコストよりも低くなります。そのため、粗飼料からなるべく多くのエネルギーやタンパクなどを摂取することができれば、それだけ飼料コストは低くなります。そのため「粗飼料に求めるもの」は、消化性が高く、タンパクが多いものということになります。

　しかし粗飼料コストのほうが高い地域では、「NDFが低いほうが優れた粗飼料である」という常識は通用しません。乳牛の飼養管理に関するアメリカ発の普及情報が日本にもたくさん入ってきますが、本当に役に立つ情報なのかどうか、フィルターにかけてみる必要があります。

　なぜ、穀類と比べてエネルギー価で劣る牧草に、日本の酪農家は、余分のお金を払っているのでしょうか。言うまでもなく、エネルギーだけでは乳牛の栄養管理はできません。ルーメン機能を維持していくために、物理的に有効度の高いセンイ（NDF）は必要です。その有効センイは、粗飼料から効率良く摂取できます。つまり、粗飼料コストの高い地域では、エネルギー価ではなく、

NDF にお金を払っていると言ってもよいかもしれません。エネルギーは粗飼料からでなくても、穀類からでも取ることはできますが、ルーメン機能を維持するための「有効センイ」は穀類からは摂取できないからです。

　仮に、NDF40％のアルファルファが、1kg あたり 60 円であるとすれば、NDF1％あたり 1.5 円を支払っていることになります。粗飼料コストのほうが高い地域では、NDF は貴重品です。もし NDF45％のアルファルファが同じ値段で購入できるなら、NDF1％あたりの値段は 1.3 円にドがります。

　実際には、NDF や ADF の高いアルファルファほど、値段が安くなっています。アルファルファの場合、センイ含量の高いものほどエネルギー価が低いわけですから、高産乳レベルを想定した飼料設計に組み込もうとするなら、サプリメントとして大量の穀類を使わなければなりません。アメリカでは、高NDF の粗飼料を使えば、値段の高い穀類をそれだけたくさん使わなければならないため、高 NDF の粗飼料の価値は低くなります。ただし、これはアメリカの常識です。

　粗飼料コストの高い地域では、これが逆になります。値段の安い穀類を多給できるメリットが出てくるため、NDF の高い粗飼料は、逆に価値が高いはずです。NDF の低い牧草に余分のお金を払って、粗飼料を多給する、これは一番飼料コストがかかる飼料設計です。日本国内でも大きく異なる、各地域ごとの粗飼料の位置付けを、コストだけをもとに判断するのは暴論かもしれません。
　あと、粗飼料の嗜好性を考慮することも重要です。しかし粗飼料の良し悪しを、RFV 値や NDF 含量だけで優劣をつける以外の視点を持つことも大切ではないかと思います。

　一般的に NDF が高くなれば、センイの消化率は低くなると考えられています。しかしそれは間違いです。NDF とセンイの消化率の間に、相関関係はありません。確かに、同じ圃場で、同じ年に、同じ環境で育った牧草を比較して

みると、早刈りしたNDFの低い牧草のほうが、遅刈りしたNDFの高い牧草よりも、リグニン化されているセンイが少なく、センイの消化率も高くなります。

　しかし、輸入乾草を購入している酪農家の庭先に入ってくる牧草は、いろいろな地域で、いろいろな環境で生育してきた牧草です。NDF65％のグラスのほうが、NDF60％のグラスよりもセンイの消化率が高い、という現象が見られても不思議ではありません。

　ここで私の言いたいことは、「NDFが高いことは、悪いことでないケースもある」、そして「NDF含量の高いことが、即、センイの消化率の低いことを意味しない」という点です。センイの消化率が高く、NDF含量の高い牧草があれば、それは粗飼料を購入している酪農家にとって、最も価値の高い粗飼料と言えるかもしれません。

▶粗飼料は酪農を面白くしている

　これまで、収穫のタイミング、収穫する時間帯で粗飼料の質が変わることを説明してきました。第2部で詳述しますが、マメ科の牧草かイネ科の牧草か、ホール・クロップ・サイレージか、サイレージか乾草かなど、粗飼料のタイプ・種類によっても栄養特性は異なります。輸入牧草を購入している酪農家であれば、気候や生育環境が大きく異なる、世界のさまざまな産地で栽培された牧草を利用しています。このように、粗飼料は乳牛の食べるエサの中で大きなウエートを占めていますが、その中身は変化に富んでいます。私は、これが酪農を面白くしている要因だと考えています。

　成分に変化がない同じエサを毎日・毎月・毎年、決まった時間に給与するのは、ある意味、退屈なことです。一度決めてしまえば変更しなくて済むので楽ですが、面白味に欠けます。

　それに対して、成分が異なるものを使いこなすのは大変ですが、退屈するこ

とはありません。上手くいかないときには悩むかもしれませんが、工夫して状況を改善できたときに達成感を感じることで、仕事からのやりがいを感じることができます。

　乳牛の栄養管理では、栄養特性が多様な粗飼料を利用していることが、鶏豚の栄養管理と大きく異なる点だと思います。私は、これが乳牛の栄養管理を「作業」ではなく「技術」と分類される仕事にしていると理解しています。われわれは「非常に知的な仕事」に従事しているのです（鶏豚の栄養コンサルの方、ゴメンなさい）。

　「粗飼料の質」には、「これだけ見ていれば間違いない」という絶対的な指標は存在しません。タンパク含量などの栄養価、消化性、物理性、ミネラル成分など、さまざまな指標・基準が存在します。これらの指標の重要性は、それぞれの農場での粗飼料の位置づけ、粗飼料を給与している理由、飼料コスト、給与対象となる牛、飼料設計のアプローチ、粗飼料の給与量などによって変化します。消化性が重要なケースもあれば、物理性に細心の注意を払うべきケースもあります。消化性と物理性のいずれもが重要ではなく、ミネラル成分が最重要になるケースもあります。それぞれのケースで最適な粗飼料を特定し、飼料設計に上手く組み込むことは、乳牛の栄養管理の基本となります。それが本書全体で伝えたいことです。

　海外からの飼養技術の導入は「輸血」に似ています。輸血をする場合、血液型をチェックします。A型の人にB型、あるいはB型の人にA型の血液を使えば、輸血された人は拒否反応を起こして死んでしまいます。乳牛の栄養管理でも、同じことが言えます。

　栄養管理での「血液型」とは粗飼料、つまり、どの牧草を主体に飼料設計しているかという点です。日本の酪農は非常にユニークです。世界中のあらゆる形の栄養管理手法が、狭い国土のなかで混在しています。ニュージーランド型の放牧、イスラエル酪農のような粕類を主体とした飼料設計、アメリカのようにアルファルファとコーン・サイレージを中心にした栄養管理、カナダ西部や

ヨーロッパ北部のようにグラス・サイレージ主体の飼料設計、これらのすべてが日本の酪農界では見られます。

まず、酪農家がチェックしなければならないのは、自分の「血液型」です。血液がG型（グラス主体の飼料設計）なのに、A型の血液（アルファルファ主体の飼料設計をした場合の推奨値・技術情報）を導入するのは自殺行為だといってもよいでしょう。乳牛の栄養管理に関しては、北米発の技術情報が日本にもたくさん入ってきますが、自分の農場で本当に役に立つ情報なのかどうか、再確認してみる必要があります。

本書では、乳牛の栄養管理の中で粗飼料を使いこなすために必要な基礎知識を解説したいと思います。乳牛にはさまざまな粗飼料が給与されています。粗飼料自給酪農家ではグラス・サイレージやコーン・サイレージを、輸入牧草を利用している酪農家ではアルファルファやグラスの乾草を利用しています。最近ではイネのホール・クロップ・サイレージを利用している酪農家もいますし、少数派ではあるものの放牧中心で乳牛を飼養している酪農家もいます。

多様な粗飼料を使いこなすためには、それぞれの状況で、なぜ粗飼料を給与しているのか、粗飼料に何を求めているのか、を明確に意識し理解することが必要不可欠です。

さらに、「粗飼料の質」という曖昧に使われている語句を正確に定義することも重要です。乳牛の栄養管理で、われわれは粗飼料だけを乳牛に給与しているわけではありません。粗飼料は飼料設計の一部であるため、それぞれの粗飼料の特性をきちんと理解できれば、その長所を活かすとともに、それぞれの粗飼料では足りない部分を、いかに飼料設計全体の中で補っていくかを考えることが可能になります。

粗飼料を理解することは、乳牛の栄養管理の最初の一歩です。一緒に考えていきましょう。

第2章　粗飼料の消化性を理解しよう

　粗飼料は草種タイプ、生育環境、収穫時期により、消化性が大きくバラつきます。粗飼料の質は、乳牛の生産性に大きな影響を及ぼします。どの粗飼料が消化されやすいのか、どの粗飼料が消化されにくいのか、どれだけ粗飼料を与えれば乳生産を最大にできるのか、どれだけ粗飼料を与えれば逆に乳量が下がってしまうのか、これらを理解することは乳牛の栄養管理をするうえで共通の悩みです。そして、「粗飼料の消化性を知る」ことは、過去数十年、乳牛の栄養学者が取り組んできた課題であり、いろいろな分析方法が開発され、実用化されてきました。最初に、この分野における過去60年の取り組みを紹介したいと思います。

▶ NDF

　今から約60年前、1960年代になりますが、アメリカの農務省の研究者が中心になり、「粗飼料の質・消化性を簡単に知ることはできないだろうか」という研究がなされ、NDFの分析法が開発されました。粗飼料分析で、NDFという言葉をよく耳にするかと思いますが、NDFの分析方法を簡単に紹介したいと思います。

　まず、粗飼料のサンプルを乾燥させ、1mm以下のサイズになるように微粉砕します。そして粉になったサンプルを、ビーカーに1g入れ、100mℓの中性洗剤液を加え、1時間「煮込み」ます。そうすると、センイ以外のものモノはすべて溶けてしまいます。1時間後に濾過して、溶けずに残っているモノがセンイと定義されます。これは、中性洗剤（Neutral Detergent）を使って分析したセンイということで、Neutral Detergent Fiber（NDF）と呼びます。簡

単に言うと、中性洗剤で１時間煮込んでも取れない「頑固なヨゴレ」がNDFです。

　こう書くと、「分析」というイメージからは遠いかと思います。極端な話、鍋と洗剤を使って台所でも分析できるんじゃないかと考える読者の方もおられるかもしれませんが、これがNDFの分析方法です。この分析方法の優れた点は、簡易で、最低限のトレーニングを受けた人が分析すれば、誰がどこで分析しても同じデータが得られる点にあります。

　この分析方法により、簡単に、粗飼料を「消化されやすい部分」と「消化されにくい部分」の二つに分けることができるようになりました。「消化されにくい部分」とはNDFのことですが、これは画期的な進歩です。NDF含量が高い粗飼料は消化されにくい、NDF含量が低い粗飼料は消化されやすい、今まで乳牛に給与して反応を見るまでわからなかったことが、実際に乳牛に給与しなくても、NDF含量を調べるだけでわかるようになったのです。

　粗飼料のNDFデータは、乳牛の栄養管理で広範に利用されるようになりました。その一番の理由は、NDFが乳牛の生産性に直結するデータだったからです。牧草は生育ステージが進むと、NDFが高くなり、消化されにくくなります。消化性の低い粗飼料は乳量も低下させます。牧草の消化性を高めるために、NDFが高くなる前の適期に収穫するべきだということが理解されるようになりました。どれくらい刈り遅れると、どれくらいNDFが高くなるか、これまで経験と勘に頼っていたことが、数値化されるようになったのです。

　乳牛の飼料設計も、NDF濃度を指標にするようになりました。NDFの高い飼料設計をすれば、乾物摂取量は低下します。NDFはルーメンの中でかさばり、消化が遅い区分であるため、NDFをたくさん摂取した乳牛は物理的な満腹感を感じやすくなるからです。乾物摂取量を最大にできない乳牛は、乳量も低下させてしまいます。NDF含量の高い粗飼料があれば、穀類を多めに給与して

飼料設計全体の消化性を一定に保つべきこと、NDF 含量の低い粗飼料であれば、穀類をたくさん給与しなくても乳量を維持でき、購入飼料費を削減できること、これらの点も理解され、粗飼料や飼料設計全体の NDF 値は乳牛の栄養管理で広範に利用されるようになりました。

　粗飼料の NDF 分析、これは過去 100 年の乳牛栄養学の歴史の中で、トップ 3 に入る特筆すべき進歩だと言っても過言ではないと思います。乳牛の栄養学や栄養管理は、粗飼料の NDF 分析ができるようになったおかげで飛躍的に発展しました。

▶イン・ビトロ NDF 消化率

　NDF は粗飼料の化学的な評価方法です。粗飼料にどれだけのセンイがあるのかを化学的な手法を使って調べる方法ですが、化学的な分析データだけに基づいて、乳牛の生産性を予測することには限界があります。われわれが知りたいのは、消化率、乾物摂取量、乳量、乳成分といった、生物としての乳牛の反応ですが、NDF の分析だけで、それらをすべて予測しようとすることには大きなムリがあります。その理由の一つは、同じ NDF でも、その中身に大きなバラつきがあるからです。NDF そのものは、粗飼料の中でも消化されにくい部分ですが、NDF の中身をさらに詳しく見てみると、消化されやすい NDF もあれば、消化されにくい NDF もあります。NDF を実際に消化するのは「中性洗剤」ではなく、ルーメン内の微生物です。中性洗剤を使う化学的な分析手法だけではわからないことでも、粗飼料のサンプルをルーメン微生物に消化させればわかるかもしれません。

　このような背景から、ルーメン微生物を使った、生物学的な分析方法が開発されました。これは試験管の中で NDF の消化率を分析することから「イン・ビトロ NDF 消化率」と呼ばれています。イン・ビトロ NDF 消化率の分析方法を簡単に紹介しましょう。

まず、微粉砕した粗飼料のサンプルをフラスコに入れ、ルーメン微生物が必要としている栄養素と乳牛の唾液成分を含んだバッファー液をフラスコに加えます（**図1-2-1**）。そして、そのフラスコを40℃に保てる容器に入れ、チューブをつないで二酸化炭素を送り込みます（**図1-2-2**）。ルーメンと同じ環境にするのです。ここまで用意して足りないものが一つあります。ルーメン微生物です。そこで、研究用にルーメンにフィステルを装着した乳牛からルーメン内容物を取ってきます（**図1-2-3**）。

図 1-2-1　乳牛の唾液成分を含んだバッファー液をフラスコに入れる

図 1-2-2　フラスコを40℃に保つ容器に入れ二酸化炭素を送り込む

図 1-2-3　フィステルがついた乳牛からルーメン内容物を少し"拝借"

そして、それをミキサーにかけて、ルーメン・ジュースを作ります（**図 1-2-4**）。この「ジュース」には、ルーメン微生物がたくさん入っていますが、これを40℃に温めた先ほどのフラスコに加えます（**図 1-2-5**）。

時間の経過とともに、消化されるNDFの量は増えていきます（**図 1-2-6**）。微生物にどれだけの消

図 1-2-4　微生物がたくさん入ったルーメン・ジュースを作る

図 1-2-5　微生物入りルーメン・ジュースをフラスコに加える

図 1-2-6　時間の経過に伴う NDF 消化率の変化

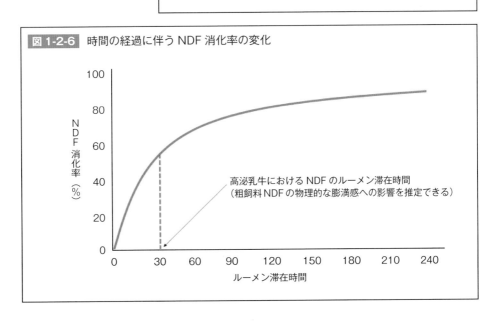

高泌乳牛における NDF のルーメン滞在時間
（粗飼料 NDF の物理的な膨満感への影響を推定できる）

NDF 消化率（%）

ルーメン滞在時間

化時間を与えるかは人間が決めます。一番広範に使われている消化時間は30時間ですが、これは泌乳牛のルーメンの中でのNDFの平均滞在時間です。高泌乳牛では、NDFのルーメン滞在時間が短くなるため、24時間の消化時間を使う場合もあります。24時間にせよ、30時間にせよ、一定時間が経過した後にサンプルを分析して、NDF含量を調べ、どれだけのNDFが消失したか（消化されたか）を計算します。もともとのサンプルにあったNDFが0.2000gだったのに、ルーメン微生物を加えて30時間後に計測したサンプルのNDFが0.1000gに減っていれば、半分が消化されたと考え、そのサンプルのイン・ビトロNDF消化率は50％と算出されるわけです。これが、粗飼料の生物学的な分析手法、イン・ビトロNDF消化率です。

　一般的にNDFが高くなれば、イン・ビトロNDF消化率は低くなると考えられています。しかしそれは間違いです。NDFとイン・ビトロNDF消化率の間に、相関関係はありません。第１章でも述べましたが、同じ圃場で、同じ年に、同じ環境で育った牧草を比較してみると、早刈りしたNDFの低い牧草のほうが、遅刈りしたNDFの高い牧草よりも、リグニン化されているNDFが少なく、NDFの消化率も高くなります。

　しかし、いろいろな地域、いろいろな環境で生育してきた牧草を比較すると、相関関係はありません。NDF45％のアルファルファのほうが、NDF40％のアルファルファよりもセンイの消化率が高い、という現象が見られても不思議ではありません。つまり、NDFを分析しただけでは完全にわからなかった粗飼料の消化性が、イン・ビトロ消化率を知ることで正確に推定できるようになったのです。1990年代には、粗飼料のイン・ビトロNDF消化率を報告した研究論文がいくつも発表され、当時、粗飼料のNDF消化率は乳牛栄養学のホット・トピックの一つでした。

　イン・ビトロNDF消化率が高くなれば、乾物摂取量と乳量は高くなります。これに異を唱える人はいません。しかし、消化率が1％上がることで、乳牛の生産性はどれだけ高くなるのでしょうか。これがわからなければ、イン・ビト

ロ消化率のデータを粗飼料の評価に利用したり、栄養管理に役立てることはできません。

消化率の高い粗飼料の収穫には、余分のコストがかかる場合があります。例えば、早刈りすれば収量が減ります。たとえ収量が減っても、それに見合うだけの産乳効果があれば、早刈りすべきです。しかし、もし、収量減少による経済的損失を埋め合わせるだけの産乳効果がなければ、早刈りしないほうが良いでしょう。このように、NDF消化率の経済的価値を可視化することが必要になりましたが、当時、その点を示唆するデータは存在しませんでした。

1990年代、イン・ビトロNDF消化率が異なる粗飼料を比較した研究は、たくさん行なわれていました。しかし、同じ条件下で比較したものはありませんでした。例えば、イン・ビトロNDF消化率だけが異なり、ほかの栄養成分がすべて同じだという粗飼料を比較した研究はありません。飼料設計中のNDF含量が異なるケースもあります。そのため、一つ一つの研究論文を見ただけでは、消化率が1％上がることで、乾物摂取量がどれだけ上がるのか、乳量がどれだけ上がるのかを知ることは不可能でした。

約25年前になりますが、私が大学院生としてミシガン州立大学で研究を始めたときに、最初に与えられた研究課題が、「粗飼料のイン・ビトロNDF消化率が1％高くなれば、乳量がどれだけ増えるかを計算できないか……」というものでした。私が取った方法はメタ解析ですが、その研究内容を紹介したいと思います。

まず、最初に、それまでに発表された研究論文で、イン・ビトロNDF消化率が異なる粗飼料を乳牛に給与して比較しているデータをすべて集めました。そして、公平な比較ができるような統計手法を使って、それらの研究データを解析しました。その結果は、イン・ビトロNDF消化率1％の違いは、乾物摂取量（DMI）を0.17kg／日、4％FCM乳量を0.25kg／日、増やす効果があるというものでした。

　この数値をもとに計算すると、10％のイン・ビトロ NDF 消化率の違いは、乳量を 2.5kg 増やす効果があるわけです（0.25 × 10 ＝ 2.5）。イン・ビトロ NDF 消化率が 20％違えば、この乳量差は 5kg になります。手前味噌で恐縮ですが、私が書いた論文は、粗飼料一般の NDF 消化率の効果を示す最初の論文だったこともあり、「イン・ビトロ NDF 消化率 1％の違いは、乳量を 0.25kg ／日の違いになる」という指標は広範に使われるようになりました。

▶ NDF の分画・消化速度

　イン・ビトロ NDF 消化率には、一定の時間内（例：30 時間）での消化率を分析するアプローチと、数多くの時間点（4、6、12、24、30、48、72、96、120、240 時間）での消化データを基に消化速度を算出するアプローチがあります。後者の方法であれば、出てくるデータを基にして、NDF を「発酵が速い NDF」「発酵が遅い NDF」「発酵しない NDF」の三つの区分に分けることもできます。

　消化速度がわかれば、そのデータを飼料設計ソフトに使えるというメリットがあります。ダイナミック（動的）なモデルを採用している飼料設計ソフトでは、ルーメン内での消化率を計算するのに、「消化速度」と「通過速度」から計算しています。同じ粗飼料を給与していても、乾乳牛に給与するのと、泌乳ピークの牛に給与するのとでは、ルーメン内での NDF 消化率は大きく異なるからです。

　乾乳牛の場合、乾物摂取量が低いため、NDF のルーメン滞在時間は 48 時間くらいです。1 時間あたりの通過速度は約 2％です。それに対して、泌乳ピーク牛の場合、乾物摂取量が高く、NDF のルーメン滞在時間は 24 時間程度しかありません。新しいモノが次々とルーメン内に入ってくるので、完全に発酵していなくても、下部消化器官へ押し出されていくからです。1 時間あたりの通過速度は約 4％になります。

　もし、NDF の消化速度が 3％／時の粗飼料であれば、ルーメン内の NDF 消化率は、乾乳牛に給与した場合は 60％になりますが、泌乳ピーク牛に給与した場合は 43％です（計算式参照）。

　　乾乳牛のルーメン内 NDF 消化率　　　　　3 ／（3 + 2）× 100 = 60
　　泌乳ピーク牛のルーメン内 NDF 消化率　3 ／（3 + 4）× 100 = 43

　NDF の消化速度が 2％／時の粗飼料であれば、ルーメン内の NDF 消化率は、乾乳牛に給与した場合は 50％ですが、泌乳ピーク牛に給与した場合は 33％です（計算式参照）。

　　乾乳牛のルーメン内 NDF 消化率　　　　　2 ／（2 + 2）× 100 = 50
　　泌乳ピーク牛のルーメン内 NDF 消化率　2 ／（2 + 4）× 100 = 33

　このように、消化速度がわかれば、通過速度との兼ね合いで、NDF 消化率を予測できるというメリットがあります。定点での消化率では、このような計算はできません。例えば、30 時間でのイン・ビトロ NDF 消化率が 50％だった場合、乾乳牛に給与すれば実際の NDF 消化率は 50％より高いだろう、泌乳ピーク牛に給与すれば 50％より低いだろうと推測することしかできません。これは、一時間点のみでの NDF 消化率を分析することのデメリットです。

　しかし、消化速度を計算するためには、10 の時間ポイントで、NDF 消化率を分析する必要があります。言い換えると、NDF 消化率を 10 回分析する必要があるのです。研究用のサンプルならともかく、農場で採ったサンプルの消化速度を正確に分析・算出しようと思えば、多額のコストがかかります。

　たとえ、消化速度がわかって、ルーメン内での NDF 消化率を予測できたとしても、実際のルーメンでの消化率とイコールではありません。穀類を多給している乳牛のルーメン pH は低く、センイを消化する微生物の活動が妨げられるため、実際の NDF 消化率は低くなります。さらに、センイはルーメンだけではなく、大腸でも発酵し消化されます。ルーメンでの消化率がわかっても、乳牛がどれだけのエネルギーを得ているかは正確に計算はできません。

　イン・ビトロの NDF 消化率をどのように利用するかに関しては、二つの意見があります。消化速度を計算できるように、10 くらいの時間点（例：4、6、12、24、30、48、72、96、120、240 時間）での消化率を分析すべきだという人、一時間点（例：30 時間）での消化率を知るだけで十分だという人、両方の考え方があり、それぞれにメリットとデメリットがあります。

　いわゆる「完璧」なデータを求めれば、必要なデータを得るのに多くのコストがかかりますし、多額のコストをかけるだけのメリットがあるのかという疑問が生じます。必要なデータを得られなければ（ほとんどの場合、そうなりますが）、穴を埋めるために規定値を使ったり、推定値を使うようになります。モデル（計算式）は洗練されていても、推定値に依存して出てくる答えがどれだけ信頼に値するのかは疑問です。

　個人的な意見ですが、私は、イン・ビトロ NDF 消化率は、一時間点での分析で十分だと考えています。同じサンプルを 10 回分析するお金があるのであれば、10 のサンプルを 1 回ずつ分析したいです。そして、イン・ビトロ消化率のデータを絶対視せず、分析方法の限界を意識して「農場で実際に使っている粗飼料を比較する」という相対的な位置づけでデータを活用すると思います。

　少し話が脱線しましたが、イン・ビトロ NDF 消化率の分析で、センイの消化速度を知ることは、飼料設計ソフトの発展に大きく貢献してきました。一時間点だけでのイン・ビトロ NDF 消化率のデータだけでは、粗飼料の比較はできても、飼料設計ソフトが使えるデータ（あるいは使いやすいデータ）ではないからです。しかし、多時間点でイン・ビトロ NDF 消化率の分析を行なえば、分析にかかるコストと得られるメリットのバランスが悪いように思えます。生物学的な視点を取り入れ、簡単に安価に分析できる、そして飼料設計に使いやすいデータは存在しないのでしょうか？

▶ uNDF$_{240}$

　ここで考えたいのは、「粗飼料の消化性を飼料設計に組み込む」というアイデアです。粗飼料の消化性に基づいて飼料設計ができれば、その精度は高まります。しかし、粗飼料 NDF の消化率だけが、乳牛の反応に 100％の影響を及ぼしているわけではありません。粗飼料は飼料設計の一部だからです。乳牛が「粗飼料 NDF の消化率」にどのような反応を示すかは、1）飼料設計の中での粗飼料の給与割合、2）飼料設計全体の NDF 含量、3）粗飼料以外の NDF 源の消化性などの要因にも影響を受けます。そのため、粗飼料 NDF の消化率がわかった場合、「良い・悪い」という"質的な判断"はできても、その粗飼料をどのように飼料設計に組み込むかに関して"量的な判断"をするのは難しいという問題がありました。

　このような背景から最近注目されているのは、非消化 NDF 含量（uNDF$_{240}$）という指標です。uNDF の「u」は、「Undigested」の略語です。これは、消化管内にどれだけ長時間とどまっても決して消化されることのないセンイ区分のことを指します。「未消化 NDF」は正しい日本語訳ではありません。「未消化」という言葉には、「消化されるものがまだ消化されていない」という意味があるからです。「非消化 NDF」というのが正しい日本語訳です。一般的な分析方法ですが、基本的に、240 時間のイン・ビトロ NDF 消化率と同じです。違いは、「消化された部分が何％か」を見るのではなく、「消化されなかった NDF がどれだけあるか」をデータ化している点です。粗飼料の uNDF$_{240}$ 含量は、イン・ビトロ NDF 消化率と同じように、品種などの遺伝的要因、生育環境や収穫時の成熟度によって決まりますが、イン・ビトロ NDF 消化率にはない使い道があります。

　飼料設計で使うすべての飼料原料の uNDF を分析すれば、それらをすべて足して、飼料設計全体の合計 uNDF を求めることができるため、その値を飼料設計の一指標として使うことができるようになります。例えば、われわれは

「油脂含量が6％を超えると乾物摂取量が下がるから、油脂の給与量は飼料設計全体の6％を超えないようにしよう」という考え方をしています。それと同じように、「uNDFが高すぎると…になるから、uNDFの給与量は飼料設計全体のXX％を超えないようにしよう」という考え方ができます。

　さらに、こういう指標があれば「この粗飼料はuNDFがXX％だから、uNDFがYY％の別の粗飼料と組み合わせて、TMR内の合計uNDFがZZ％になるようにしたほうが良い……」といった"量的な思考・判断"が可能になります。これは粗飼料NDFの消化率を分析していただけでは難しいことです。消化される部分に注目するのではなく、消化されない部分に注目するという逆転の発想です。

　「飼料設計中のNDF含量」と「NDFの消化性」の両方が、乳牛の生産性に影響を与えます。NDFとNDFの消化性、そのいずれかだけを見ていてはわからないことも、両方を同時に評価することにより、乳牛の生産性を予測することができます。これは飼料設計で必要なことですが、$uNDF_{240}$という指標にはNDFとNDFの消化性を同時に評価できるというメリットがあります。

　このように、理論的には「$uNDF_{240}$含量」を指標に使う飼料設計には大きなポテンシャルがありますが、飼料設計の指標として使えるところまで研究は進んでいません。uNDFが乳牛の乾物摂取量に与える影響が、グラスとアルファルファで異なることが、その理由の一つですが、この点に関しては第2部で詳しく説明したいと思います。

▶まとめ

　「消化性」は粗飼料の質の指標です。乳牛のDMIを制限している要因の一つは「物理的な満腹感」です。粗飼料はルーメンで消化されてなくなるまでに長い時間がかかります。乳牛がもっと食べたいと思っていても、ルーメンに粗

飼料がギッシリ詰まっていれば食べられません。生理的には空腹感を感じているのに、ルーメンが物理的に満腹状態になっているのです。このような状況下で、消化性の高い粗飼料を給与できれば、ルーメン・フィル（ルーメンの物理的満腹感）を軽減させ、DMI を高め、エネルギー摂取量を最大にし、乳量を増やすことが可能になります。

　粗飼料の消化性を計測・分析する方法について、これまで多くの研究が行なわれてきました。NDF、イン・ビトロ NDF 消化率、消化速度、uNDF$_{240}$、これらは粗飼料の消化性を把握するための試みであり、粗飼料の消化性を理解することで、乳牛の栄養管理技術は発展してきました。しかし、粗飼料の質とは消化性だけで決まるわけではありません。粗飼料の質を評価する別の指標、物理性について次章で考えてみましょう。

第3章　粗飼料の機能性を理解しよう

　粗飼料の質を考える場合、「機能性」も重要な要因です。「機能性」という語句は、栄養面での質ではなく、健康を維持するための機能という視点から使われている言葉です。人間が食べたり飲んだりするものでも、「機能性食品」として扱われる商品があります。例えば「特茶」です。特茶には、脂肪分解酵素を活性化させるものが入っているそうで、体脂肪を減らす働きがあるようです。健康の維持・増進に役立つことが科学的に証明されたものは、機能性食品、特定保健用食品（トクホ）として販売できるようです。これは「栄養」とは異なる視点です。生きていくために必要とされる栄養分ではなくても、健康の維持・増進に貢献するものはたくさんあります。食品を栄養価だけで評価するのではなく、健康を維持するための機能性でも評価すべきだという考え方は一般化しています。

　乳牛が食べる粗飼料も同じです。粗飼料の質は、消化性だけではなく、「乳牛の健康に貢献するのか」という視点からも評価すべきです。粗飼料の持つ機能性、これは言い換えると粗飼料の「物理的な側面」です。物理性のある粗飼料とは、十分な切断長（パーティクル・サイズ）のある粗飼料と定義できますが、物理性のある粗飼料には、乳牛の反芻・咀嚼を促す機能があり、それはルーメン機能を維持していくうえで必要不可欠です。さらに、粗飼料の機能性・物理性は、ルーメン機能への影響を介して、乳脂率にも影響を与えます。具体的に考えてみましょう。

▶粗飼料の物理性と乳脂率

　粗飼料の物理性は乳脂率に影響を与えます。その点をハッキリ示した研究データを最初に紹介したいと思います。この試験では、アルファルファをTMR中、乾物ベースで50％給与しました。ただ、ある程度のパーティクル・サイズがある乾草か、粉々になったものを固めたペレットか、という二つの形で与えました。同じアルファルファを物理的形状が異なる形で乳牛に給与したのです。

　TMRは6種類用意しました。それぞれ、アルファルファ・ペレットとアルファルファ乾草の給与割合を変えました。アルファルファ・ペレットの給与量を、0、8、16、24、32、40％と増やしていき、そのぶん、アルファルファ乾草の給与量を50、42、34、26、18、10％と減らしていきました（**表1-3-1**）。

　基本的に、アルファルファ乾草には物理性があります。牛に反芻させる力です。しかし、アルファルファ・ペレットはルーメンに入ると粉々になるため、反芻・咀嚼を促進する物理的な刺激を与えることはありません。栄養成分や消化性は、いずれもアルファルファですから同じです。この研究では、ほかの諸条件を同じにして粗飼料の物理性だけを変えると牛はどのような反応を示すのかを評価することで、粗飼料の物理性が持つ働きを調べました。

表1-3-1　粗飼料の物理性と乳脂率（Khafipour et al., 2009）

	設計A	設計B	設計C	設計D	設計E	設計F
アルファルファ乾草、%	50	42	34	26	18	10
アルファルファ・ペレット、%	0	8	16	24	32	40
ルーメンpH	6.35	6.31	6.15	5.85	5.85	5.78
乳脂率、%	3.22	3.19	3.10	2.89	2.53	2.32

アルファルファ・ペレットの給与量が増えるにつれ、つまり粗飼料の物理性が低下するにつれ、ルーメンpHは低下し、乳脂率は3.22%から2.32%へ激減しました。ルーメンpHが下がり、乳牛がルーメン・アシドーシスになると、乳脂率は低下します。それは、アシドーシスになれば、乳脂率を低下させる特殊な「共役リノール酸」がルーメン内で生成されるため、乳腺での脂肪酸生成が阻害されてしまうからです。この試験データは、一定の乳脂率を維持するうえで、粗飼料の物理性が必要不可欠であることを示唆しています。

それでは、正誤問題を一つ考えてみましょう。これは、私がアルバータ大学で教えている「反芻動物の栄養学」の試験で出した問題です。

切断長の長い乾草を給与すれば乳脂率は上がる　正？　誤？

答えは、誤りです。切断長の長い乾草には、咀嚼を促進する力があるはずですが、なぜ誤りなのでしょうか。その理由は、牛が選り喰いして喰わないからです。

ルーメン・アシドーシスを防ぐためには、牛に長時間反芻させることが重要です。牛に反芻させるもの、それは「牛に刺激を与える」センイです。これまで、切断長の長い（パーティクル・サイズの大きい）センイを与えれば、牛は反芻時間を増やし、ルーメンpHの低下を防げるはずだと考えられてきました。しかし、切断長の長いモノを与えすぎると、牛は選り喰いするようになり、センイの摂取量は逆に低下し、乳脂率が低下してしまうケースがあります。

ペン・ステート・パーティクル・セパレーター（PSPS）で、TMRの切断長のチェックをする方も多いと思いますが、1段目のふるいに残る、切断長の長いモノ、これは牛が選り分けて残してしまいやすい部分です。この部分が15%以上になれば、牛はさらに選り喰いしやすくなり、センイの摂取量も低下してしまいます。

ここで、TMR の切断長が乳脂率に与える影響を調べた研究を紹介したいと思います。この研究では、粗飼料の切断長だけが異なる 4 種類の TMR を作りましたが、同じ飼料原料を使ったので栄養成分は同じです。異なるのは TMRに入れた粗飼料のパーティクル・サイズ、物理性だけです。PSPS を使って、それぞれの TMR のパーティクル・サイズを調べたところ、PSPS の 1 段目のふるいに残った部分（パーティクル・サイズが大きい区分）は、2.9%、6.7%、11.1%、15.5%でした。

　研究データを**図 1-3-1** に示しました。TMR のパーティクル・サイズが大きくなるにつれ、一定点までは乳脂率は高くなりましたが、それを超えると逆に乳脂率が低下しました。この理由の一つは、乳牛の選り喰いです。TMR 中の長モノが目立ちすぎて、牛の選り喰いが顕著になり、センイの摂取量が低くなってしまったと考えられます。このように、TMR や粗飼料のパーティクル・サイズは長ければ長いほど良いというわけではないのです。

　粗飼料のパーティクル・サイズが大きくなるにつれ、咀嚼時間も長くなると考えられています。しかし、これも大きければ大きいほど良い、あるいは長け

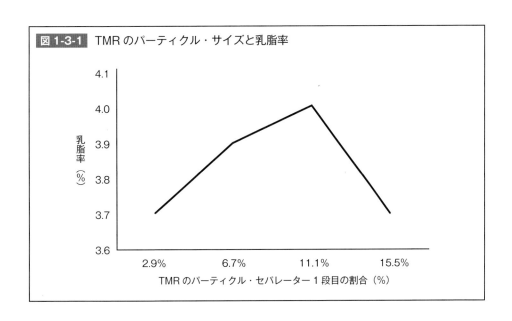

図 1-3-1　TMR のパーティクル・サイズと乳脂率

れば長いほど良い、というわけではありません。次に、その点を考えてみましょう。

▶粗飼料と反芻

　牛の唾液には重曹などのバッファー成分が含まれ、牛が反芻すればするほど唾液の分泌量は増え、ルーメン内にバッファーが流入します。しっかり反芻している牛のルーメンには、１日あたり重曹3kgに相当するバッファーが唾液の形で流入します。このバッファー成分により、ルーメンpHは安定し、ルーメン機能が維持されます。この点は拙著『ここはハズせない乳牛栄養学①』で詳述しましたので、そちらを復習していただければと思います。本章では、ルーメンの生理機能という側面からではなく、粗飼料の物理性という視点から考えてみたいと思います。

　粗飼料の給与は、牛に反芻させるうえで非常に重要です。ビート・パルプや大豆皮のようなセンイ含量の高い副産物飼料を給与した場合、反芻時間が短くなることを示す研究データは数多くあります。粗飼料が持つ、反芻・咀嚼を促進する物理性は、副産物飼料の４倍あるとも言われています。

表1-3-2 粗飼料の給与量が乳牛に与える影響（Jian et al., 2017）

粗飼料給与、％乾物	40%	50%	60%	70%
反芻時間、分／日	426	454	471	461
採食時間、分／日 *	286	292	342	393
休息時間、分／日 *	728	695	627	587
乾物摂取量、kg／日 *	22.5	19.7	18.2	17.1
乳量、kg／日 *	26.2	25.4	23.9	22.9

* 統計上の有意差あり（P < 0.05）

しかし、粗飼料の給与量を増やせば増やすほど、それに比例して反芻時間が増えることはありません。最近の研究は、粗飼料の給与量を増やすと、採食時間こそ増えるものの、反芻時間が増えないケースがあることを示しています（**表1-3-2**）。この研究では、粗飼料の給与割合が40%から70%に増えると、採食に費やす時間が増え、そのぶん休息時間が減ったと報告しています。食べた草を飲み込むまでの咀嚼時間が増えたため、飼槽の前で費やす時間が長くなり、ストールで休息する時間が減ったと考えられます。乾物摂取量や乳量も減少しましたが、興味深いことに、粗飼料の給与量が増えても反芻時間が増えることはありませんでした。

乳牛に反芻させるうえで、十分な切断長のある粗飼料の給与は必要不可欠だと、最初に述べました。しかし、粗飼料を給与しても、反芻時間が増えるケースとそうでないケースがあるのはなぜでしょうか。「粗飼料の物理性」をどうやって把握することができるのでしょうか。乳牛に給与される粗飼料の物理性には大きなバラつきがあります。どれだけのパーティクル・サイズがあれば（何cmあれば）物理性が十分にあると判断され、どの程度であれば不十分とみなされるのでしょうか。切断長は長ければ長いほど良いモノなのでしょうか。あるいは「これ以上パーティクル・サイズを大きくしても、反芻時間が増えることはない」という"意味のない物理性"ってあるのでしょうか。

ここで、採食前の粗飼料の切断長と嚥下時のパーティクル・サイズを比較した研究データ（**表1-3-3**）を紹介し、これらの疑問に対する答えを考えてみたいと思います。切断していない乾草を牛が食べて咀嚼した後（嚥下時）の平均パーティクル・サイズは10.3mmでした。切断した乾草を食べた場合も、嚥下時のパーティクル・サイズは9.9mmで、ほぼ同じになりました。

次に、この試験では、切断した乾草をペン・ステート・パーティクル・セパレーターを使って平均切断長が異なる4区分（長、中、短、粉）に分けました。ふるい穴のサイズは、1段目が19mm、2段目が8mm、3段目が1.18mmです。

表1-3-3　採食前と嚥下時の粗飼料のパーティクル・サイズ（Schadt et al., 2012）

	採食前	咀嚼後（嚥下時）
切断してないグラス乾草、mm	計測不能（長い）	10.3
切断グラス乾草、mm	42.2	9.9
*PSPS 1段目（長）、mm	43.5	10.7
PSPS 2段目（中）、mm	25.1	10.8
PSPS 3段目（短）、mm	9.7	8.1

* PSPS：ペンステート・パーティクル・セパレーター

　牛が食べる前の平均切断長は、セパレーターの1段目（長）が43.5mm、2段目（中）が25.1mm、3段目（短）が9.7mmでした。それぞれの区分を牛に食べさせ、嚥下時のサンプルを採取して、パーティクル・サイズをチェックしてみたところ、非常に興味深いことがわかりました。

　嚥下時の平均パーティクル・サイズは、セパレーターの1段目（長）が10.7mm、2段目（中）が10.8mmでした。これらの数値は、未切断の乾草や切断乾草を食べたときの嚥下時の平均パーティクル・サイズとほぼ同じです。牛は、何を食べても、口の中の咀嚼物の平均パーティクル・サイズが約10mm前後になるまで噛み続け、そのあと嚥下することが理解できます。つまり、食べる前に平均切断長が25mm以上（パーティクル・セパレーターの1段目と2段目に残る部分）のものは、いずれも嚥下時にほぼ同じパーティクル・サイズになっていることが理解できます。

　この事実は非常に興味深いと思います。切断長の長いものを乳牛に食べさせれば、乳牛は採食時の咀嚼時に多くの時間を費やさざるを得ないことを、このデータは示しているからです。さらに、嚥下時のパーティクル・サイズが同じであるという事実は、ルーメンに入る段階でのパーティクル・サイズに違いがないことを意味しています。

　乳牛に反芻させる刺激を与えるものは、ルーメン内の消化物、そしてそのパーティクル・サイズです。牛の口に入る前のパーティクル・サイズ、飼槽にある粗飼料やTMRのパーティクル・サイズではありません。つまり、長モノの乾草を給与したり、TMRに含まれている粗飼料の切断長が長すぎれば、それは採食時間を増やしているだけであり、反芻時間を増やす効果は低いのです。

　それに対して、パーティクル・セパレーターの3段目の部分（短）に残る部分の平均パーティクル・サイズは9.7mmです。これは乳牛が採食後に嚥下できるパーティクル・サイズよりも短かいサイズですが、乳牛は、少々パーティクル・サイズの短いモノでも、口に入れてすぐに飲み込むことはしません。ある程度咀嚼します。そのため、この区分の嚥下時のパーティクル・サイズは8.1mmになりました。

　8.1mmが、十分な切断長のあるもの（平均25mm以上）を給与されたときの嚥下時のパーティクル・サイズ（10mm以上）よりも短いという点に注目してください。これは、ルーメンに入る消化物のパーティクル・サイズが短くなることを意味しており、反芻時間を少なくするリスクを高めます。パーティクル・セパレーターの各段ごとに、それぞれの区分が増えた場合の採食時間や反芻時間への影響をまとめてみました（**表1-3-4**）。パーティクル・セパレーターの2段目に残るモノが、乳牛の生産性とルーメン機能を維持するうえで重要であることが理解できます。

　粗飼料の切断長に関する理想は「**パーティクル・セパレーターの2段目に残る大きさ**」です。「粗飼料のパーティクル・サイズを小さくして反芻時間が短くなった」と報告している研究があります。2段目の部分が減り、3段目以下の部分が増えれば、反芻時間は減少します。それに対して、「粗飼料のパーティクル・サイズを大きくしても反芻時間は増えなかった」と報告している研究もあります。パーティクル・セパレーターの1段目に残る部分が増えても、2段目の割合が変わらなければ、反芻時間は増えません。

> **表 1-3-4** PSPS 各段のパーティクルの乳牛への影響
>
> **1 段目**
>
>
>
> 採食時間が長くなる。
>
> 乾物摂取量と乳量が低下するリスクが高まる。
>
> パーティクル・サイズは長いが、反芻時間が増えることはない。
>
> **2 段目**
>
>
>
> 適度な咀嚼で嚥下可能なパーティクル・サイズになる。
>
> 採食時間は長くならず、乾物摂取量が低下するリスクも低い。
>
> 嚥下時のパーティクル・サイズが短くならないため、反芻時間が短くなることもない。
>
> **3 段目以下**
>
>
>
> 咀嚼しなくても嚥下可能なため、採食時間は短くなる。
>
> 嚥下時のパーティクル・サイズが短すぎるため、反芻時間が減少するリスクが高い。

　粗飼料の物理性は反芻時間や乳脂率に影響を与えますが、これまでの研究データを総合的に考えると、粗飼料のパーティクル・サイズが小さすぎるのはダメ、大きすぎるのは無意味と解釈できます。繰り返しになりますが、理想は「パーティクル・セパレーターの2段目に残る大きさ」です。

▶物理的有効センイ（peNDF）の定義

　粗飼料の物理性が重要だということは誰もが認めていると思います。しかし、何をもって「物理的に有効だ」とするのかに関しては、いろいろな基準があり、混乱が見られています。歴史的な背景……というと大げさですが、過去30年の乳牛栄養学の研究の流れを説明し、粗飼料の物理性の基準について考えてみましょう。

　まず、専門用語の確認です。「peNDF」という用語ですが、Physically Effective NDF（物理的有効センイ）の略語です。これはセンイの中でもルーメンから簡単に出ていかないで、ファイバー・マットを形成し、咀嚼を促進する区分のことを指します。本書では、これからpeNDFという略語で通したいと思います。

　1990年代に北米の乳牛栄養学者のなかで「粗飼料の物理性を定義しよう」という動きがあり、マーティンスというアメリカの農務省・酪農粗飼料研究センターの研究員が、peNDFというコンセプトを最初に提唱しました。1995年のアメリカ畜産学会でのシンポジウムでのことです。私が大学4年生のときに最初に参加した学会だったので、よく覚えています。彼の定義するpeNDFは、1.18mmの穴のある、ふるいにかけて残る区分です。NDFが40％のアルファルファのサイレージがここにあるとします。1.18mmの穴のふるいにかけて残る区分が75％であれば、そのサイレージのpeNDFは「40 × 75％」で30％になります。

　しかし、なぜ1.18mmなのでしょうか？　これは、1980年にオーストラリアの研究者が発表した論文が根拠になっています。この論文は、「1.18mm以上のパーティクルは、羊のルーメンからなかなか出ていなかった」と報告しているのですが、羊のルーメンで得られたデータを、そのまま乳牛に適用しているのです……。コンセプト上は正しいのかもしれませんが、少し（かなり？）乱

暴な気もします。それでも、これを根拠に、「1.18mm 以上」という粗飼料の物理性の基準が導入されたのです。

　時を同じくして、別の研究者も、粗飼料の物理性を定義する別の方法を考え出しました。ペンシルベニア州立大学（ペン・ステート）のヘインリックス教授です。粗飼料の物理性を農場で簡単に測定できるように、ペン・ステート・パーティクル・セパレーターを開発しました。初代のセパレーターができたのが 1996 年です。このセパレーターは３段式で、ふるい穴のサイズは１段目が 19mm で、２段目が 8mm で、２段目のふるいを通過したものは、すべて３段目の底皿に行きます。

　前セクションで紹介した研究にあったように、パーティクル・セパレーターの２段目（8mm の穴がある）に残るものが、反芻時間と一番関係の深い区分です。しかし、これは 15 年以上経ってから出てきた研究データです。私の知る限り、当時は 8mm という基準を使う「科学的な根拠」はありませんでした。しかし、今から振り返って考えてみると、1.18mm ではなく、8mm という基準で乳牛にとっての物理性を定義しようというアプローチは慧眼だと言えます。

　2001 年に発行された NRC では、具体的に peNDF を定義づけし、その要求量を示すのではなく、粗飼料 NDF の要求量を示すという「保守的」な対応をしました。例えば、「NFC が XX％の飼料設計であれば、粗飼料 NDF は最低 YY％は必要だ」という感じです。粗飼料の中で見られる切断長の違いやバラつきにはあえて踏み込まず、粗飼料 NDF は、副産物飼料や穀類に含まれる NDF よりも反芻・咀嚼を促進する力があるだろうというコンセプトを示しました。

　peNDF の要求量を明文化しようとすれば、「何 mm 以上あれば peNDF として認めるのか」という、peNDF の定義に踏み込むことになり、栄養学者の間

で揉めることになります。しかし、粗飼料NDFが必要だということに関しては、「最大公約数的」な合意が簡単に得られると考えたのでしょう。このような背景から、2001年のNRCでは、peNDFの要求量ではなく、粗飼料NDFの要求量を示すことになりました（と、私は推察しています）。

その後、2002年に新たな動きがありました。第二世代ペン・ステート・パーティクル・セパレーターが開発されたのです。これは、従来のセパレーターに1.18mmの穴のある3段目のふるいを付けたし、合計4段にしたものです。「羊のルーメンで得られた1.18mmという基準を乳牛で使うのはどうか」という疑問・批判があるものの、1.18mm以上というpeNDFの基準は、当時、広範に使われるようになりました。正しいか否かという議論はさておき、簡易な基準であったため、飼料設計ソフトに組み込まれたからです。これが1.18mmという基準が広範に使われるようになった一因だと、私は考えています。それに迎合（妥協？）する形で、第二世代ペン・ステート・パーティクル・セパレーターが開発されました。

しかし、その後に乳牛を使って行なわれた研究から、「やはり1.18mm以上という基準はおかしい」と言う研究者がたくさん現れました。乳牛のルーメンは羊のルーメンよりも大きい、乾物摂取量の高い泌乳牛では、ルーメンから下部消化器官へ押し出そうとする力が大きく、パーティクル・サイズが1.18mm以下にならなくてもルーメンから出ていく、このような知見から「乳牛にとっての物理性は3.35mm以上だ」という研究者も出てきました。

このような流れから、第三世代ペン・ステート・パーティクル・セパレーターが2013年に出ました。これまで通り4段ですが、3段目の穴のサイズを1.18mmから4mmに変えたのです。これが、粗飼料のpeNDFの基準に関する、これまでの経緯です。

最後に私がどうしているか、どう考えているかをコメントしたいと思います。

私は、今でも 1996 年に出た初代ペン・ステート・パーティクル・セパレーターを使っています。その一番の理由は、「セパレーターの２段目の部分が一番重要だ」と考えているからです。基本的に、３段目のふるいがあってもなくても、３段目のふるい穴のサイズが 1.18mm でも 4mm でも、どうでもよいと考えています。個人的な意見ですが……。２段目のふるい穴のサイズは、初代パーティクル・セパレーターから今まで変わっていません。8mm のままです。ある意味、一番データの蓄積がある部分だと言えます。それも２段目を重視する理由の一つです。

あと、経済的な事情もあります。ペン・ステート・パーティクル・セパレーターは数万円するので、新しいタイプのモノが出るたびに購入するのがバカバカしいというのも、今でも初代セパレーターを使い続けている理由の一つです。「穴を開けただけのプラスチックの箱」に数万円という大金を支払うことは、大阪生まれの人間には耐えられないことです……。安い模造品も出回っているのですが、模造品は作りが安っぽく、ふるいの厚さが「純正品」のセパレーターよりも薄くなっています。穴のサイズが同じでも、ふるいの厚さが異なれば、同じサンプルを振ってもふるいを通過しやすくなり、出てくるデータも変わってきます（これは、ペン・ステート・パーティクル・セパレーターの開発者である、ヘインリックス先生から直接聞きました）。そのため、あえて新しいタイプのセパレーターを購入することはありませんでした。

「２段目のデータ」を重視する私としては、初代セパレーターで十分だと考えています。ある程度の科学的な根拠もあります。ただし、これは個人的な意見です。実際問題としては、皆さんが使っておられる飼料設計ソフトがpeNDF に関してどのような基準を採用しているのかも判断材料にする必要があるかと思います。しかし、どのような基準を使うかはさておき、粗飼料の物理性を数値化することは絶対必要です。「長い」「短い」「長いと思う」という主観に基づくやり取りでは不十分です。客観的な数値を使うことにより、粗飼料の物理性をきちんと評価することは、乳牛の栄養管理では必要不可欠です。

第2部

ここはハズせない
多様な粗飼料
の
基礎知識

第1章 乾草・サイレージを理解しよう

　乾草は、乳牛のエサとして最も歴史があるものです。生産性を上げるために、乳牛に穀類を給与するようになったのは長い畜産の歴史でごく最近のことです。数千年にわたる畜産の歴史の中で、乾草は、ずっと乳牛のエサの基本でした。夏場は放牧で十分の草を食べられても、冬の間は十分の草を食べることができません。牧草を腐らせずに長期間保存するにはどうしたらよいのでしょうか？

　その方法の一つは、雑菌が増殖できないように水分を減らすことです。乾かした牧草を収穫し、乾草として保管するのです。食べ物を乾燥させて低水分に保てば、長期間の保存が可能になります。それは、食べ物を腐らせる微生物が、水分の少ないところで活動できないからです。人間の食べるものでも、干し肉、干し魚、ドライ・フルーツなど、水分を低くすることで、保存性を高めたものはたくさんあります。

　牧草の場合、乾燥させることにより、運搬が容易になるというメリットもあります。日本の内地の酪農スタイルが、その恩恵を受けている典型的な例かもしれません。牧草を自分の農場で作らなくても、アメリカ、カナダ、オーストラリアといった外国から輸入して牛を飼うというのは、「乾草」があってはじめて成り立つ方法です。

▶サイレージは発酵食品

　それに対して、サイレージは19世紀後半に開発・導入された技術です。それまで、家畜の冬のエサは乾草でしたが、乾草を作るためには、刈り取った牧草を十分に乾燥させなければなりません。これは、時と場合により、非常に難しくなるケースがあります。天候に大きく左右されるからです。牧草が乾き、ほぼ収穫できる状態になっても、雨が降ればやり直しです。予乾の時間を大幅に削減できる、天候の影響を受けにくい牧草の収穫・貯蔵方法として、サイレージ作りが始まりました。

　「サイレージ」という言葉は、酪農に関わる仕事をされている読者の皆さんには聞き慣れた言葉だと思います。それでは「サイレージって何？」と説明を求められれば何と答えられるでしょうか。一般の人に「サイレージ」についてどのように説明できるでしょうか。サイレージとは「牛が食べる発酵食品だ」と言うことができるかもしれません。自然の環境で動物が食んでいる草を、そのまま刈り取ってきただけでは、数日で腐ってしまいます。しかし、それを発酵させて保存することにより、数カ月間あるいは数年間にわたり腐らせずに栄養価をキープできるのです。

　サイレージとは「刈り取った牧草を細かく刻み、乳酸発酵させたもの」です。乳酸発酵させたものはpHが低くなり（酸性になり）、雑菌が増殖しにくくなります。そうすることで腐敗を防ぐことができます。一例をあげると「ヌカ漬け」です。野菜を漬け込むヌカ床は、乳酸発酵でできたものです。

　人間の食べるものの中で、一番、サイレージのイメージに近いのは「ザワークラウト」かもしれません。これは「酸っぱいキャベツ」のことで、ソーセージなどの肉料理に添えられたり、ホットドッグにも入っている西洋の漬物です。キャベツを酢漬けにしただけの手を抜いたものもありますが、本来はキャベツを乳酸発酵させた発酵・保存食品です。乳酸菌を加えなくても、キャベツの葉

に付いている乳酸菌が活躍しやすい環境を整えてやれば、発酵が進み、数日で「ザワークラウト」になるそうです。

このように、生の野菜であれば長期間の保存ができなくても、発酵させることで一年中野菜を食べれるようにしたのが「発酵食品」です。サイレージも同じです。生草であれば、放牧ができる時期しか食べられませんが、サイレージにすることにより、一年中いつでも食べられるのです。

サイレージが発酵食品だという意識を持てば、サイレージ調製の重要性がよく理解できるかと思います。『ここはハズせない乳牛栄養学の基礎知識①』でも書きましたが、「発酵」と「腐敗」は紙一重です。発酵も腐敗も微生物の働きによるものですが、われわれが好ましいと思う微生物の働きは「発酵」と呼ばれ、われわれが望まない有害な微生物の働きは「腐敗」と呼ばれます。サイレージが開発されたばかりの 19 世紀後半には、「発酵させた牧草を牛に喰わせても大丈夫か？」などという議論も真剣になされていたようです。当時、微生物の働きに関して十分に理解されていない時代の、試行錯誤中の新技術であれば、不良発酵（腐敗）したサイレージも多々あったとしても不思議ではありません。

微生物には「縄張り争い」があります。先に増殖して縄張りを確保してしまえば、別の微生物はそこに入りにくくなります。最初に勢力を伸ばした微生物の勝ちです。牧草を収穫して良質の発酵をさせるか、あるいは腐らせるかは、牧草を収穫した直後が勝負です。乳酸菌が増殖しやすい状況を作ってやれば良いサイレージができますが、乳酸菌が増殖する前にほかの雑菌が縄張りを確保してしまえば「負け」です。それでは、乳酸菌が増殖しやすい環境とは何でしょうか？

乳酸菌が増殖しやすいのは、酸素のない環境、適度な水分、乳酸菌の「エサ」となる糖分が一定量あること、そして低 pH です。それでは、第一の条件、酸

素のない環境をどのように作れば良いのでしょうか？ 刈り取った牧草を一カ所に集めただけでは、「牧草の山」の中に酸素がたくさん残っています。踏圧して酸素を抜くことが必要です。牧草を細かく刻んでやることは、酸素を除去するうえで重要です。切断長が長すぎる牧草は踏圧しても、スポンジのように元に戻りやすいものです。細切断した牧草であれば、きちんと踏圧することで、酸素を効果的に除去できます。

　さらに、適度な水分も必要です。水分が少なく、乾草のように「フカフカ」の状態にあれば、踏圧した後でもまた膨らみ、簡単に空気が入ってくるからです。このように、適度な水分の牧草を、細切断し、十分に踏圧すれば、酸素を除去することができ、乳酸菌が増殖できる環境を早く整えてやることができます。適度な水分と書きましたが、低水分だけでなく、高水分を避けることもポイントです。水分が80％以上あれば、乳酸菌ではなく、酪酸菌が増殖しやすくなり、牧草は「腐り」やすくなってしまうからです。

▶サイレージの２次発酵

　サイレージに関して、「発酵させるか」「腐らせるか」を決める重要なポイントとなるのは、牧草を収穫後、サイロに詰めてからの最初の数日間ですが、もう一つ重要な時期があります。それは取り出し時です。サイロ発酵の後、酸素がなく、pHが低い状態を維持できれば、極端な話、数年間にわたって腐らせることなく、サイレージの質を維持することが可能です。ほかの雑菌の増殖を抑えられるからです。しかし、いったん酸素にさらすと、サイロ内の微生物のパワー・バランスが大きく変わります。今まで、増殖を抑えられてきた「酸素を好む微生物」、酵母やカビが元気になるからです。

　サイレージを腐らせる酵母やカビは酸素がない状態では増殖できませんが、低pHには強いという特徴があります。そのため、乳酸発酵でpHを下げても、酸素を遮断できなければ酵母やカビ菌の増殖を抑えることはできません。その

ため、サイレージを取り出すとき、変敗のリスクが高まります。サイロを開けて、サイレージを取り出し、牛に喰わせ、ルーメンの中に入れる、この数日間、サイレージは酸素にさらされるため「腐る」条件が整うからです。ルーメンの中に入ってしまえば、再び「酸素なし」の状態になるため、「腐る」ことはなく「発酵」しますが、ルーメンに入るまでの数日間が勝負です。

　サイレージの取り出し時の腐敗・変敗のことを2次発酵と言いますが、2次発酵を防ぐ一番の方法は、酸素にさらす時間を最小限に抑えることです。バンカーサイロでは、TMRを作るためにサイレージを取り出した後、毎日、新しい表面が酸素にさらされます。この表面で酵母やカビが「目覚め」ますが、まだ寝起きでボーッとしている間に（翌日に）、TMRに入れて牛に給与してしまえば、増殖する時間がなく2次発酵のリスクを抑えることができます。しかし、新たな表面が1週間近く、酸素にさらされる状況であれば、2次発酵を抑えることは難しいでしょう。

　サイレージの2次発酵は火事と似ているかもしれません。ボヤの段階であれば簡単に消火できますが、いったん火の手が広がれば手を付けられない状態になってしまいます。2次発酵を防止する一番の方法は、サイロの間口サイズをチェックすることです。毎日、サイロの表面全体から30cmずつ取り出していける程度の間口であれば、2次発酵を抑えるうえで効果的です。

　さらに、サイレージの取り出し口の表面を、キレイに平らにしておくことも重要です。もし、サイロの表面に凹凸がありデコボコだらけであれば、それだけ酸素に触れる表面積も増えることになります。酸素にさらすサイレージの表面積を最小限にすることは、2次発酵を防止するうえで重要なポイントです。

　さらにサイロに詰め込む時点で、きちんと踏圧したかどうかも、2次発酵のリスクと関連があります。サイロの表面に人差し指を突き刺せるでしょうか？グリグリと指を回しながら、人差し指をねじ込めるようであれば、踏圧は不十

分と言えるかもしれません。指が入るのであれば、空気もサイロの表面から簡単に入ってしまうはずです。酸素がサイレージ内に再侵入してしまえば、酵母・カビによる腐敗が始まります。「指をねじ込めない、ムリにねじ込もうとすると突き指してしまう……」くらいにしっかりと踏圧されていれば、取り出し口の表面から入ってくる空気の量も少ないでしょう。これは、2次発酵しにくいサイレージと言えます。

▶サイレージ用乳酸菌は必要か？

　良質のサイレージを作るのに、サイレージ用乳酸菌の添加は必要でしょうか？　私の個人的な意見ですが、1）絶対に必要なものではありませんが、2）損害を少なくする「保険」的な効果はある、と考えています。まず、絶対に必要不可欠なものではない、と考えている根拠からお話ししましょう。

　乳酸菌は、自然の牧草に付着しているものであり、乳酸菌の増殖に必要な環境を整えてやれば、自然に増えます。増殖に必要な環境、それは、適度な水分、栄養源としての糖、嫌気的環境（酸素にさらさない）、そして低 pH です。これらの環境を完全に整えてやれば、あえてプラスの乳酸菌を添加しなくても、良質なサイレージ発酵は十分に可能です。

　しかし、何らかの事情で、これらのすべての条件を充足させるのが難しいケースがあります。その場合、外部から乳酸菌を添加して、乳酸発酵しやすい状況を整えることは重要です。先に述べましたが、牧草を収穫してサイロに詰め込んだ直後の数日間は、微生物が「縄張り争い」をしている時期です。先に増殖して縄張りを確保してしまえば、別の微生物がそこに入りにくくなります。「最初に勢力を伸ばした微生物の勝ちだ」と述べました。戦いの最中に、外部からの乳酸菌の添加は「援軍」になります。サイロ内で乳酸菌が優位になりやすい状況を作る手助けになるからです。

　ここで、誤解を避けるために一つ言っておきたいのですが、添加されるサイレージ用の乳酸菌は、あくまでも「援軍」だということです。援軍が来ても、戦う環境が不利であれば「縄張り争い」に負けてしまします。例えば、「乳酸菌を添加しているから、多少踏圧が不十分でも問題ないだろう」と考えるのは間違った発想です。「山岳保険に入ったから大丈夫」と考え、ろくな装備も持たずに冬山登山へ行くようなものです。保険はあくまでも保険であり、万が一のときに損害を少なくできるかもしれませんが、リスクを取り除くことはできません。

　サイレージの腐敗を防ぐうえで、重要な時期が二つあると述べました。一つ目は、牧草をサイロに詰めた直後の数日間です。サイロ発酵の最終産物は「乳酸」「酢酸」「酪酸」などの有機酸ですが、良質なサイレージを作るうえで、サイロに詰めた直後の数日間は、乳酸が最も重要な働きを担います。乳酸は、酢酸や酪酸と比べて、pHを下げる効果が格段に大きいからです。乳酸ができればできるほど、乳酸菌が優位になる状況を確立できます。サイレージ用乳酸菌には、牧草のタイプや、添加目的に応じていくつかの乳酸菌のタイプ・製品がありますが、サイロ発酵の初期段階を成功させるためには、乳酸発酵を最大にするタイプの乳酸菌の添加が効果的かもしれません。

　サイレージの腐敗を防ぐためには、取り出し時の2次発酵を抑えることも重要です。サイレージ用乳酸菌の中には、乳酸だけでなく酢酸も生成するタイプの乳酸菌を使って、2次発酵対策に重点を置いた製品もあります。2次発酵を防止するうえで、「酢酸」の役割のほうが重要だとする研究データがあります。酵母やカビ菌は低pHに強いため、乳酸があっても2次発酵を防止することはできませんが、酢酸には、乳酸にはない抗菌作用があり、酵母やカビ菌の増殖を抑え、2次発酵しにくい状況を作り出すことができるからです。2次発酵を防ぐためには、乳酸と酢酸の両方を作るタイプの乳酸菌が効果的かもしれません。

それぞれの農場で、サイロの大きさやタイプ、収穫時の人的パワーなどの状況は異なります。サイレージを作って保存し、保存したサイレージを牛に給与するまでの過程の中で、どこに弱点・問題点があるのかを分析すれば、それぞれの農場でニーズに合った乳酸菌製品を特定し、利用できると思います。

▶乾草・サイレージの栄養ロス

　牛が放牧時に食べる生草と乾草・サイレージを比べると、収穫時の栄養価に差があるだけではありません。本来であれば、牛が直接「収穫」するべきものを、人間が代わりに収穫し、運搬し、保存して、給与しているため、収穫作業時や保存中に、あるいは給飼時にさまざまな栄養分のロスが発生します。収穫してから、乳牛の口に入るまでの間、栄養分はどんどん目減りしていくのです。

　乾草について考えてみましょう。牧草を圃場で予乾してから収穫しようとすると、茎と葉が分離しやすくなります。牧草の茎と葉の栄養分を比較すると、葉のほうがタンパクも多く消化率も高いですが、予乾して水分が少なくなるにつれ、この葉の部分が茎から離れてしまい、乾草の一部として収穫されず圃場に残ってしまいます。栄養価の高い部分が収穫されずに、牧草畑の肥やしになるわけです。

　苦労して収穫し、数カ月にわたって貯蔵したものを（あるいは高いお金を出して買ったものを）、牛に給与する段階になって発生する、別のタイプのロスもあります。給与する量と、乳牛の口に入る量は同じではありません。きちんと細切断してTMRに混ぜることができれば、ムダになる量を最小限に抑えられるかもしれませんが、長モノの乾草のまま牛に自由採食させれば、牛に食べられることなく、牛の遊び道具としてムダになったり、糞尿と混ざって食べられなくなったり、寝ワラの一部になってしまう乾草もあります。乾草の場合、給与方法しだいでは、給飼時のロスもバカになりません。乾草給与には大きなメリットがありますが、デメリットをいかに最小限に抑えるかを考えるこ

とも重要です。

　次に、サイレージについて考えてみましょう。乾草と比べて、サイレージは水分の高い段階で収穫されるため、葉と茎が分離するリスクも低く、収穫作業中の栄養ロスは低く抑えられます。しかし、サイレージは別の形で栄養分を失います。すでに述べましたが、収穫後の酵母・カビの増殖です。酸素があればカビも増殖を続けます。たとえ乳酸菌を添加しても、酸素がなくなるまでの間、乳酸菌は活発に増殖できません。酵母・カビが縄張りを広げ続け、牧草に含まれる糖分は二酸化炭素になり、エネルギーはどんどん失われていきます。これは酸素がなくなるまで続きます。逆に言うと、酸素をいち早く除去できれば、このムダな栄養分の浪費は最低限にできるのです。踏圧をしっかり行ない、サイロ内の酸素を取り除くことは、牧草に含まれた栄養分を保持することにつながります。

　次に考えられる、サイレージの栄養ロスの原因は、廃汁によるロスです。牧草に含まれる栄養分の一部は水溶性です。栄養分が水に溶けて、廃汁として流れ出てしまえば、それは大きな損失です。廃汁が増える一番の原因は、高水分での牧草収穫です。そのため、高水分（水分80％以上）の牧草は、予乾して水分を低くしてからサイロに詰めるように勧められています。酪酸発酵を防ぐ目的もありますが、廃汁による栄養成分のロスを最小限にすることも予乾の目的です。

　牧草の収穫・サイレージ調製は一人でできる仕事ではありません。牧草を刈り取り、必要に応じて予乾し、それを刻んでトラックで農場まで運搬して、サイロに詰めます。それでは、誰に、どの仕事を任せるべきなのでしょうか。「差」が出るのはどの部分でしょうか。以前、バンカーサイロを持っている酪農家と話をしましたが、彼は「踏圧の仕事は自分がしたい」と言っていました。その理由は、踏圧（酸素を抜く作業）が一番重要な作業だからです。適当に終わらせようと思えば、適当に終わらせられる作業かもしれません。しかし、踏圧は、

良質のサイレージを作るうえで最も大切な作業です。収穫した牧草が「発酵する」か「腐るか」を決める仕事です。良質のサイレージがあれば栄養管理は容易になりますが、サイレージの質が低ければ何をやってもうまくいきません。ある意味、粗飼料を自給している酪農家では、サイレージ作りは栄養管理の出発点とも言えます。そして、サイレージ作りの一番のポイントは「牧草を酸素にさらさない」「酸素を取り除く」ことです。

▶乾草とサイレージの違い

粗飼料に含まれる栄養成分の中で、注目したいユニークな栄養成分は「糖」です。乳牛が摂取する炭水化物は、大きく三つのカテゴリーに分けることができます。それは、1）センイ、2）デンプン、3）糖ですが、乾草とサイレージの主な違いは、糖含量です。サイレージ発酵の際、生草に含まれている糖は発酵して乳酸になるため、サイレージは糖含量が低くなります。

乳牛にとって、糖も乳酸もエネルギー源となるため、乳酸が生成されること自体は大きな問題ではありません。しかし、糖はルーメン微生物の栄養源になりますが、乳酸は発酵の産物であり、微生物の栄養源とはなりません。そのため、乳牛が糖を摂取するのか、乳酸を摂取するのか、によりルーメン発酵が変化するため、乳成分が大きな影響を受けます。少し考えてみましょう。

デンプンと糖は、いずれも消化性が高く、ルーメンでも発酵が速いエネルギー源ですが、発酵を担当する微生物のタイプや、ルーメンで生成される発酵酸に違いがあります。人間が食べる炭水化物にも、ごはん、うどん、ラーメン、スパゲティ、パンなど、さまざまな種類があり、人それぞれに好き嫌いがあるように、ルーメン微生物にも炭水化物のタイプに応じて「好き嫌い」があります。

デンプンを好む微生物が活発になると、ルーメン内ではプロピオン酸が増え、これは血糖の原材料になります。『ここはハズせない乳牛栄養学①』でも詳述

しましたが、血糖は乳糖の原材料になるため、デンプンの増給は乳量を増やすことにつながります。それに対して、糖がルーメンで発酵すると、プロピオン酸だけでなく酪酸も増えます。酪酸は乳脂肪の原材料となるため、糖の給与には乳量と乳脂率の両方を高めるという効果があります。

　デンプンの給与量を減らして糖の給与量を増やした場合、乳牛がどのような反応を示すかを調べた研究データを紹介しましたが（**表2-1-1**）、糖の給与は、乾物摂取量と乳脂肪生産量を高めました。

　乾草とサイレージの間には、ほかにどのような違いがあるのでしょうか。草種タイプや収穫時の生育ステージが同じであれば、CP（タンパク）含量は同じになるかもしれません。しかし、たとえタンパク含量が同じであっても、乾草とサイレージではルーメン内での分解度に大きな違いがあります。

　サイレージでは、生草に含まれるタンパクがある程度サイロ内で分解されているため、RDP（Rumen Degradable Protein：ルーメンで分解されるタンパク）が高くなります。そのため、CP％が同じであっても、バイパス・タンパクが少なくなり、乳牛が乳生産のために使えるタンパクも減少します。

表2-1-1 糖給与に対する乳牛の反応（Broderick, 2008）

	砂糖0%	砂糖2.5%	砂糖5.0%	砂糖7.5%
飼料設計				
デンプン含量、%	28.2	27.4	24.5	21.5
糖含量、%	2.7	5.1	7.1	10.0
乳牛の反応				
乾物摂取量、kg／日*	24.5	25.4	26.0	26.0
乳量、kg／日	38.8	40.6	39.4	39.3
乳脂率、%*	3.81	3.80	4.08	4.16
乳タンパク率、%	3.23	3.23	3.27	3.29

* 統計上の線形効果が有意

乾草の代わりにサイレージを給与すると、ルーメン内で生成される微生物タンパクの量も減ってしまいます。乾草とサイレージの一番の違いは糖含量だと述べました。サイレージ発酵の際、生草に含まれている糖が発酵して乳酸になるため、サイレージでは糖含量が低くなるからです。NFC（Non-Fiber Carbohydrate：非センイ炭水化物）濃度という物差しで見ると、乳酸も糖も同じNFC区分に属するため、栄養成分は変化していないように見えますし、どちらも乳牛のエネルギー源となるため、これは大きな差ではないように思えるかもしれません。

　しかし、糖は、ルーメン内の微生物が利用できるエネルギー源であるのに対し、乳酸は、発酵の最終産物、誤解を恐れずに言い換えるとルーメン微生物の「排泄物」です。乾草に含まれる糖は、微生物タンパクを作るエネルギー源となりますが、サイレージに含まれる乳酸は、ルーメン内の多くの微生物にとってエネルギー源とはなりません。そのため、NFCやCPが同じ飼料設計であっても、サイレージ主体の設計であれば、乾草主体の飼料設計と比較して、可代謝タンパク（乳牛が生体維持、乳生産、成長などに使えるタンパク）の供給量が少なくなります。可代謝タンパクの大部分は、微生物タンパクとバイパス・タンパクですが、その両方がサイレージを給与すると少なくなるからです。

　ここで、栄養成分が同じグラス・サイレージとグラス乾草を給与した場合、どれくらいの乳量が可能になるかをチェックした結果を示したいと思います（**表2-1-2**）。公平な比較ができるように、NDFは68％、CPは13％と同じ値を飼料設計ソフトに入力し、それぞれを20kg給与する「飼料設計」を行ないました。

　NDF値とCP値が同じであったにもかかわらず、エネルギーの供給量から可能になる「エネルギー乳量」は乾草のほうが3.7kg高くなりました。これは、糖含量の差であると考えられます。乾草には糖が含まれていますが、サイレージではサイロ発酵の際に糖が発酵して消失しているからです。

　次に、タンパクの供給から可能になる「可代謝タンパク乳量」を見てみましょう。NDF値とCP値が同じサイレージと乾草を比較すると、「可代謝タンパク乳量」は乾草のほうが2.4kg高くなっています。すでに述べましたが、これには二つの理由が考えられます。一つ目は、サイロ内の発酵で半分以上のタンパク質がすでに分解されているため、サイレージではバイパス・タンパクが少なくなっていることです。さらに、糖分もサイロ発酵で消失しているため、ルーメン微生物が利用できるエネルギーも減少し、微生物タンパクの合成量も少なくなります。

　粗飼料を自給している酪農家では、同じ圃場で栽培した牧草を、サイレージとして収穫したほうが良いのか、あるいは乾草として収穫したほうが良いのかを検討するケースがあるかもしれません。その場合、「乾草のほうが産乳効果が高いから乾草として収穫しよう」と考えるべきではありません。これまでに述べてきたことと矛盾しているように思えるかもしれませんが、乾草のほうが産乳効果が高いのは、NDF値とCP値が同じものを乳牛が喰った場合の比較だからです。同じ圃場で栽培されたものをサイレージとして収穫するか、乾草として収穫するかを比較すると、話はまったく異なります。

　サイレージとして収穫する場合と比較して、乾草として収穫すれば、予乾時間が長くなりますし、牧草が乾くことにより、茎と葉が分離しやすくなります。

表2-1-2 グラスの乾草とグラス・サイレージ（いずれも乾物で20kg）が供給するエネルギーとタンパク

	NDF（%）	CP（%）	エネルギー乳量（kg／日）	可代謝タンパク乳量（kg／日）
グラス・サイレージ	68.0	13.0	18.9	15.8
グラス乾草	68.0	13.0	22.6	18.2
グラス乾草	68.0	11.0	22.0	12.7

CP 値の高い葉の部分が分離してしまい、収穫されずに畑に残ってしまえば、牛に給与する段階での CP 値は低くなります。圃場では 13％あった CP が、牛に給与する段階では 11％くらいに減少するケースもあります。その場合、CP 値が低下した乾草の産乳効果は、当然のことながら低くなります。

　表 2-1-2 に示したように、CP 値が 2％低下した乾草を給与すれば、「可代謝タンパク乳量」は 12.7kg になります。グラス・サイレージと比較して約 3kg の低下です。つまり、同じ圃場で栽培したグラスを収穫する場合、収穫時の栄養ロスを計算に入れると、乾草よりもサイレージとして収穫したほうが、産乳効果の高い粗飼料を確保できるかもしれません。

▶まとめ

　乾草とサイレージの栄養特性に関しては、大きな違いがあります。乾草にたくさん含まれる糖が、ルーメン内で発酵するとき酪酸が生成され、これは乳脂率を高めます。さらに、糖はルーメン微生物が増殖するための（微生物タンパクを合成するための）エネルギー源としても利用されます。これは、乾草の大きな利点です。

　乾草とサイレージ、どちらも粗飼料であり、乳牛にとってセンイの主な供給源となります。しかし、ルーメン微生物の立場で考えると、乾草とサイレージはまったく異なる飼料原料だと言えます。粗飼料を使いこなすには、乾草とサイレージの栄養特性の違いを理解することが必要です。

第2章　ホール・クロップ・サイレージを理解しよう

　ホール・クロップ・サイレージとは、本来、子実を収穫することを目的に栽培されている作物（例：コーン、イネ、大麦）を、茎葉の部分と一緒に収穫してサイレージにしたものです。ホール・クロップという英語は、直訳すると「作物全体」という意味になります。コーンにしろ、イネにしろ、ホール・クロップ・サイレージは、「子実」と「茎葉」の両方が収穫の対象です。そのため、子実にある程度のデンプンが入ってはいるものの、子実が完熟して固くなる前の段階、茎や葉に十分の水分が残っている状態で収穫されます。

　洋の東西を問わず、乳牛の粗飼料として最も広範に使われているホール・クロップ・サイレージはコーン・サイレージですが、私の住んでいるカナダ西部では、8月下旬に初雪が降り、9月上旬に霜が降りる年があるので、サイレージとして早めに収穫するとはいえ、コーンの栽培には一定のリスクが伴います。そのため、生育期間が短くて済む大麦を栽培して、ホール・クロップ・サイレージとして収穫するのが一般的です。地球温暖化と新しいハイブリッドの開発で、コーン・サイレージを作ろうとする酪農家は増えてきていますが。

　北海道ではコーン・サイレージが一般的かもしれませんが、都府県ではイネのホール・クロップ・サイレージの利用が増えてきていると聞きます。このように、住んでいる場所に応じて、コーン、大麦、イネなど、作物タイプに違いがあるものの、ホール・クロップ・サイレージは乳牛に給与する粗飼料として栽培されています。ホール・クロップ・サイレージは、チモシー、イタリアン、アルファルファなどの牧草サイレージとは栄養価が異なります。そのため、そのユニークな栄養特性と潜在的な問題点を理解することが求められます。

一般の牧草サイレージと比較して、ホール・クロップ・サイレージのユニークな特徴は、デンプン含量が高いことです。ある程度、子実に実が入った時点で収穫するため、当然のことかもしれません。デンプン含量が高いということは、エネルギー含量も高くなることが考えられますが、ホール・クロップ・サイレージの場合、デンプン濃度が高ければ高いほど、エネルギー価も高くなるとは言えません。それは、デンプンの消化率に大きなバラつきがあるためです。

　デンプン含量が高ければ、「見かけ」のエネルギー含量は高くなりますが、消化率が低ければ、子実やモミがたくさん糞として排泄されてしまい、乳生産のためのエネルギー源として利用されずに終わってしまいます。子実に実が入っても、子実が完熟して固くなってしまえば、消化率は下がります。

　子実として収穫すれば、微粉砕したり、蒸気圧ペン加工したりすることで、いくらでも消化率を上げることができますが、粗飼料の一部として収穫してしまった子実を加工することは困難です。このため、ホール・クロップ・サイレージは、「見かけ」のエネルギー含量と「実際」のエネルギー含量が大きく異なり得ることに留意する必要があります。

　粗飼料分析で、サイレージのデンプン含量を知ることはできます。しかし、粗飼料分析で、サイレージのデンプン消化率を正確に把握することは困難です。本章では、ホール・クロップ・サイレージのエネルギー価とそのバラつきに影響を与える要因として、品種・ハイブリッド、収穫時期、収穫方法、貯蔵期間などの影響を具体的に考えてみたいと思います。

▶品種・ハイブリッドの影響

　イネのホール・クロップ・サイレージの場合、品種により栄養成分や乳牛に給与したときの影響に大きな差が出るようです。飼料イネの場合、子実多収タイプのものと茎葉多収タイプのものがあります。従来の子実多収タイプのもの

は、穂の部分が大きくデンプン含量が高いというメリットがありますが、もしデンプン消化率が低ければ、糞に不消化子実（モミ）がたくさん排泄されるというリスクがあります。

　茎葉多収タイプのものは、子実部分が少ないため、デンプン含量こそ低いですが糖含量が高いという特徴があります。これは、光合成によって作られた糖が、穂のほうへ移動してデンプンになるのではなく、茎葉の部分に蓄積されていくからです。前章でも述べましたが、糖は乳酸発酵の原材料になるものです。サイレージにする場合、ほかの諸条件が同じであれば、糖含量が高いものほど乳酸が多く生成されpHの低下も早まります。良質のサイレージを作りやすくなるかもしれません。

　さらに、子実部分が少なくなるということは、逆に、子実の消化率の影響も受けにくくなります。不消化のリスクが高いモミの部分にデンプンを蓄積するよりも、茎葉の部分に糖として栄養分を蓄積したほうが、乳牛にとって利用しやすいエネルギー源となるため、乳生産にもプラスの影響があるかもしれません。

　茎葉多収タイプは子実部分が少ないため、重心の位置が低くなり、倒伏のリスクも低くなるという農学上のメリットもあります。茎葉多収タイプの品種はデンプン濃度が低く「ロー・リターン」ですが、「ロー・リスク」と言えるかもしれません。品種の選択は、それぞれの酪農家の判断になるかと思いますが、イネのホール・クロップ・サイレージの栄養価を評価する場合、「見かけ」のエネルギー価と「実際」のエネルギー価に違いがあり得ることを意識することは重要です。

　コーンの場合、ハイブリッド間で、子実のデンプン消化率には大きな差があることが知られています。大きく分けて、子実のデンプンが固いフリント・タイプのものとソフト・タイプがありますが、ポップ・コーンはフリント・タイ

プの一種です。映画館でよく見ると思いますが、ポップ・コーン用のコーンを買ってくれば、自宅でフライパンを使って作ることもできます。ポップ・コーン用のコーンは、固いデンプンが外側にあり、これは簡単には潰れません。ポップ・コーンに熱を加えると、内部の柔らかいデンプンが大きくなります。しかし、外側の固いデンプンが、その膨張を食い止めようとします。ギリギリまで膨張を食い止め、これ以上「我慢できない」という状態になったときに爆発（ポップ）します。普通のデント・コーンやスイート・コーンには、この固いデンプンの層が外側にないため、熱を加えても、ポップ・コーンになることはありません。

　少し話が横道にそれましたが、コーンには、フリント・タイプの固いデンプンが多いハイブリッドがあり、デンプンの消化率は低くなります。しかし、これはコーンを子実と収穫する場合の話です。コーン・サイレージの場合、品種（ハイブリッド）の違いによるデンプン消化率のバラつきや乳牛の生産性への影響は低いようです。それは、デンプンが結晶化して、固くなる前の段階で収穫されるからです。コーン・サイレージのデンプン消化率を決める要因で最も大きな重要なのは、後に詳述しますが、「粒子サイズ」と「サイロ内の貯蔵期間」であり、遺伝的要因による影響（ハイブリッド間の差）は少ないと考えられています。

　しかし、センイの消化率は違います。コーン・サイレージの場合、茎葉部分の消化率にハイブリッド間の差が顕著に見られ、乳牛の生産性にも大きな影響を与えるようです。北米では、葉の部分が多いリーフィー（Leafy）というハイブリッドや、センイ含量が高くなるもの（茎葉多収型?）、そしてブラウン・ミドリブ（bm3）というセンイのリグニン化を抑え、センイの消化率を高める遺伝子が入ったハイブリッドなど、さまざまなタイプのハイブリッドがあり、研究データがたくさんあります。ここで、過去の研究結果をまとめて統計解析したデータを紹介したいと思います（**表2-2-1**）。

　本書の第3部で詳述しますが、bm3のハイブリッドはセンイの消化率がダ

	一般	bm3	高センイ	リーフィー
表2-2-1 コーン・サイレージ・ハイブリッドが乳牛の生産性に与える影響（Ferraretto and Shaver, 2015）				
サイレージの栄養成分				
CP、% DM	7.8	8.1	8.1	8.0
デンプン、% DM	29.7[a]	28.7[ab]	26.6[b]	29.9[a]
NDF、% DM	42.8	43.0	44.7	42.2
NDF 消化率、% NDF	46.7[b]	58.1[a]	50.9[b]	48.5[b]
乳牛の反応				
乾物摂取量、kg／日	24.0[b]	24.9[a]	24.6[a]	23.7[b]
乳量、kg／日	37.2[c]	38.7[a]	38.2[ab]	37.3[bc]
乳脂率、%	3.63[a]	3.52[b]	3.63[ab]	3.67[a]
乳タンパク率、%	3.06	3.07	3.09	3.06

[abc] 同行で上付き文字が異なる数値は有意差あり

ントツに高く、乾物摂取量や乳量を高めることが理解できます。コーン・サイレージのセンイの消化率は、生育環境の影響も受けます。一般的に、降雨量が少ない年は、センイの消化率が高くなります。そのため、例えば、降雨量が平年並みの年の bm3 と、降雨量が少なかった前年の普通のハイブリッドを比較すると、センイの消化率に大きな差がないということはときどきありますが、同じ年に（同じ生育環境で）育ったもの同士を比較すると、bm3 のハイブリッドは、普通のハイブリッドよりも約10％ほどセンイの消化率が高くなります。

　次に、「高センイ」のハイブリッドのデータを見てみましょう。種苗会社は、「高センイ」のハイブリッドはセンイの消化率も高くなると宣伝していますが、北米のデータを見る限り NDF 消化率に差はありません。デンプン含量は低くなりましたが、乳牛の乾物摂取量が高くなったため、乳量は多少高くなりました。これは一見矛盾しているように見えますが、なぜでしょうか？ データはありませんが、私はデンプン含量が減ったぶん、糖含量が増えたからではないかと推察しています。飼料設計中のデンプン濃度を下げて、そのぶん糖濃度を

上げると、乾物摂取量と乳量が高くなると報告している研究データがいくつか
あるからです。

リーフィー・タイプのハイブリッドは、葉の枚数が多い、いわゆる「葉」多
収型のハイブリッドです。「茎葉」多収型ではありません。多くなるのは葉の
部分だけです。コーン・サイレージの場合、茎の部分よりも葉の部分のほうが
消化率が高くなるため、「葉が増えれば消化率やエネルギー含量も高くなるの
では」という期待から開発されたハイブリッドですが、データを見る限り、葉
が数枚多くなっても栄養成分に大した差は見られないことが理解できます。乳
牛の生産性もほとんど影響を受けませんでした。

▶収穫時期・方法の影響

次に、収穫時期や収穫方法の影響について考えてみましょう。ホール・クロッ
プ・サイレージの場合、子実が完全に熟して固くなってしまう前、糊熟期から
黄熟期にかけて収穫されることが一般的です。完熟期まで待てば、デンプン含
量は増え、「見かけ」のエネルギー含量は高くなるかもしれません。しかし、
デンプンが固くなってしまえば、子実部分の消化率は低くなり、乳牛が実際に
利用できるエネルギーは減ってしまいます。コーン・サイレージでは、コーン
の穂軸の部分を二つに割り、黄色い部分が半分くらいまでになったくらいが、
コーン・サイレージとしての収穫適期であると言われています。もう少し待て
ばデンプンは増えるかもしれませんが、デンプンの消化率は下がってしまうた
めです。

大麦のホール・クロップ・サイレージの場合、「二本の指で子実をつまんで
潰せるくらいの固さ」が収穫適期だと考えられています。これも同じく、もう
少し待てばデンプンは増えるかもしれません。しかし、デンプンの消化率が下
がってしまえば、糞に大量の子実が排泄されることになります。私は、イネの
ホール・クロップ・サイレージに関する経験がないため、イネに関してはコメ

ントしかねますが、デンプン含量とデンプン消化率のバランスを取ることの重要性は変わらないはずです。

　収穫時に人間がコントロールできる別のポイントは、地面から何cmくらい上のところで刈り取るのかを決めることです。地面ギリギリのところで収穫すれば、収量を最大にできるかもしれません。しかし、茎の下の部分はセンイがリグニン化しており、固くて、乳牛が食べても消化しにくい部分です。その部分を畑に残して高刈りすれば、収量は確実に減りますが、収穫されてサイレージになる部分の消化性やエネルギー濃度は高くなるはずです。

　コーンの収穫時に地面から12.7cmのところで刈り取って調製したコーン・サイレージと、地面から45.7cmのところで高刈りして調製したコーン・サイレージを比較した研究があります。**表2-2-2**に研究結果を示しましたが、収穫時の高刈りはコーン・サイレージのデンプン含量を高め、乳量を1.5kg増やしました。さらに、コーンであれば、硝酸態窒素は茎に多く分布するため、高めの部分で刈り取れば、サイレージの硝酸態窒素濃度を下げられるかもしれません。

表2-2-2 刈り取り高さがコーン・サイレージの収量と栄養価、乳牛の生産性に与えた影響（Neylon and Kung, 2003）

	低（12.7cm）	高（45.7cm）
コーン・サイレージ		
乾物収量、t／ha	16.8	15.3
NDF、%	39.9	38.1
デンプン、%	35.2	37.4
乳牛の反応		
乾物摂取量、kg／日	25.4	25.6
乳量、kg／日*	45.2	46.7

＊統計上の有意差あり

ここで「大麦サイレージの高刈り」をしているアルバータ州の一酪農家の話をしたいと思います。カナダの酪農家には「生産枠」があるため、各酪農家が出荷できる乳量に制限があります。私の知り合いのこの酪農家は10年前に300頭搾乳していましたが、1頭あたりの平均乳量が増えたため、今は230頭の搾乳牛で10年前と同じ乳量を出荷しています。3回搾乳を始めたことや低乳量の牛を淘汰したこともあり、10年前の平均乳量が35kgだったのが、約46kgに増えたのです。

　1頭あたりの乾物摂取量（DMI）は確実に増えているはずですが、牛群全体が必要とするエサの量は少なくなりました。搾乳牛の頭数が300頭から230頭に減ったからです。そのため、この酪農家では粗飼料の在庫に余裕ができたため、大麦のサイレージの高刈りを始めました。収量をあまり気にする必要がなくなったからです。

　地面から約30cmくらいのところで刈り取ると、地面ギリギリのところで刈り取るよりも消化性の高いサイレージを収穫できます。良質の粗飼料を給与できるため、1頭あたりの乳量がさらに高くなります。そうなると、同じ出荷量を維持するのに必要な牛の数が減ります。いわば「正の連鎖」です。この酪農家が46kgの平均乳量を実現しているのにはさまざまな要因がありますが、高刈りによる消化性の高い粗飼料の確保も、その理由の一つであるはずです。

　少し話が脱線しました。次に考えたいのは、収穫時の「加工」です。コーン・サイレージの場合、クラッシャーを使って子実部分を潰すことが一般的になりました。子実部分を収穫時に「加工」することで、デンプン消化率を高めることができるからです。すでに述べましたが、コーン・サイレージの場合、ハイブリッド間による差よりも、粒子サイズの差のほうが、デンプン消化率に大きな影響を与えます。コーン・サイレージの収穫時のマネージメント（理論切断長やクラッシャーの設定）が、コーン・サイレージの栄養価や乳牛の反応にどのような影響を与えたのかを評価した研究データを紹介したいと思います（**表**

2-2-3）。

　理論切断長（TLC：Theoretical Length of Cut）を長くすること自体は、コーン・サイレージの消化性や乳量に直接の影響は与えませんでしたが、クラッシャーの設定はデンプン消化率に大きな影響を与えました。クラッシャーのローラーの間隙が8mmの設定だとクラッシャーをかけていないのと同じで、デンプン消化率が変わりませんでしたが、間隙を2mmの設定にすると、デンプン消化率が約10%高くなりました。

　そして、切断長の長いコーン・サイレージの場合、クラッシャーの設定を2mmにすることで、乳量も高くなりました。切断長やクラッシャーの設定は、収穫作業のスピードに大きな影響を与えます。十分な「加工」をしないで収穫してしまえば、作業の効率は上がるかもしれません。しかし、消化性の低いコーン・サイレージになってしまうリスクがあるため、そのバランスを取ることは非常に重要です。

　コーン・サイレージの収穫時の加工に関して、約6～7年前から「シュレッドレージ」という技術が提唱されて、北米では一部の酪農家が利用しています。

表2-2-3 コーン・サイレージの理論切断長とクラッシャーの設定が乳牛のデンプン消化率と生産性に与えた影響（Cooke and Bernard, 2005）

理論切断長の設定		1.95cm		2.54cm	
クラッシャーの設定	なし	2mm	8mm	2mm	8mm
乾物摂取量、kg／日	21.9	21.8	22.2	22.1	21.9
デンプン消化率、%[1]	79.4	83.1	75.8	87.7	75.3
乳量、kg／日[2]	35.4	36.1	36.2	37.9	34.1

[1]クラッシャー設定（2 vs. 8mm）に有意差あり
[2]クラッシャー設定（2 vs. 8mm）、理論切断長とクラッシャー設定の相互作用に傾向差あり

シュレッドレージというのは、シュレッドという言葉とサイレージという言葉を組み合わせた造語です。シュレッドというのは「細かく刻む」「ズタズタに引き裂く」という意味の英語で、「シュレッダー」という言葉の元々の動詞です。

　サイレージに関して言うと、引きちぎるような加工をするイメージです。コーンをサイレージ用に収穫する際、回転速度の異なる二つのローラーの間を通すのが、シュレッドレージの作り方です。そうすることで、普通のクラッシャーよりも茎葉を長く切断しつつも、より効果的に子実を破砕できます。メーカーによると、センイの消化率を上げる、茎葉を長めに切断することでセンイの物理的有効度を高める、子実を効果的に破砕することでデンプン消化率を高めるといったメリットがあります。良いことだらけのようですが、本当でしょうか？検証してみましょう。

　まず、アメリカのウィスコンシン州で4年間にわたって3900のコーン・サイレージのサンプルを集めて、集計したデータを紹介したいと思います。309検体がシュレッドレージ、3591検体が普通のコーン・サイレージ（クラッシャーのみ）でした。子実の破砕がきちんと行なわれているかどうかの指標として、コーン・サイレージ加工スコアという指標がありますが、ウィスコンシン大学の研究者がそのデータを集めました。

　コーン・サイレージ加工スコアとは、4.95mmの穴のふるいを通過するデンプンがどれくらいあるかを示したものです。ざっくり言うと、コーンの子実が少なくとも1／4以下のサイズになっていなければ通過できない大きさです。コーン・サイレージ加工スコアは、クラッシャーできちんと子実が破砕されていれば高くなりますし、子実部分が十分に潰されていなければ低くなります。最低値は約30で、最大値は約90くらいの大きなバラつきがあります。

　シュレッドレージのコーン・サイレージ加工スコアの平均値は68.1で、普通のクラッシャーの63.5よりも高くなりました。子実部分の破砕が効果的に

行なわれたことを示しています。さらに、この調査では、シュレッドレージ
のほうがサイレージの pH が低く（3.90 vs. 3.97）、乳酸濃度も高い（4.89% vs.
4.34%）という結果が出ました。茎葉が引き裂かれることで、中の糖が染み出
しやすくなり乳酸発酵が進んだのかもしれません。しかし、NDF 消化率（近
赤外線による分析）は、シュレッドレージのほうが低くなりました（53.4%
vs. 55.0%）。

　次に紹介したいのは、シュレッドレージの給与効果を評価した試験です。こ
の試験で乳牛に給与されたコーン・サイレージの加工スコアは、普通のコーン・
サイレージが 67.6 だったのに対し、シュレッドレージの平均値は 72.4 でした。
サンプル間のバラつき具合を見てみると、普通のコーン・サイレージのサンプ
ルでは 55 から 80 のバラつき幅がありましたが、シュレッドレージのバラつき
幅は 66 から 80 でした（**図 2-2-1**）。シュレッドレージが、コーン・サイレー
ジ加工スコアにより示される子実の破砕具合を安定的に高め、そのバラつきも
少なくする効果があることがわかります。デンプン消化率を高め、乳量を高め
ることにつながることが期待できます。

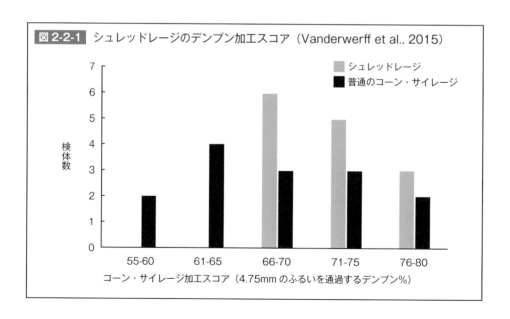

図 2-2-1 シュレッドレージのデンプン加工スコア（Vanderwerff et al., 2015）

試験結果を**表2-2-4**に示しました。シュレッドレージでは、ペン・ステート・パーティクル・セパレーターの一番上のふるいに残る切断長の長いモノが増えましたが、二番目のふるいに残る切断長の中くらいのモノは減りました。その結果、反芻時間は変わらず、乳脂率も影響を受けませんでした。しかし、デンプン消化率はやや高くなり、乳量が約1.2kg増えました。これらの研究データは、シュレッドレージにデンプン消化率を安定的に高める効果があること、しかしセンイの物理的有効度やセンイ消化率を高める効果に関しては確認できないことを示しています。

表2-2-4　シュレッドレージの栄養価と乳牛の生産性（Vanderwerff et al., 2015）

	普通のコーン・サイレージ	シュレッドレージ
コーン・サイレージ		
デンプン、%	30.8	32.2
デンプンの加工スコア、%	67.6	72.4
パーティクル・サイズ		
19mm、%	7.1	18.3
8mm、%	68.1	54.5
1.18mm、%	22.3	24.8
底皿、%	2.5	2.4
乳牛の反応		
乾物摂取量、kg／日	26.7	26.9
デンプン消化率、%*	98.6	99.1
反芻時間、分／日	503	504
乳量、kg／日*	50.1	51.3
乳脂率、%	3.31	3.29

＊統計上の有意差あり

▶サイロ内の貯蔵期間の影響

　もう一つ、コーン・サイレージのデンプン消化率に大きな影響を与える要因について説明したいと思います。それは、収穫してサイロに詰めてからの貯蔵期間です。秋にコーンを収穫してサイロに詰め3週間くらい経てば、とりあえずサイレージ発酵は終了し、コーン・サイレージができます。しかし、このサイレージをすぐに乳牛に給与すると、乳量が激減することがよく見受けられました。分析に出してもデンプン含量は高く、エネルギー含量は高い、乾物摂取量も高い、それなのに乳が出ない、これは北米で頻繁に見られた秋口の「スランプ」でした。

　一昔前、このスランプの原因は不明でしたが、最近の研究から「デンプン消化率が低い」ことが、スランプの原因だということが理解されるようになりました。デンプン含量は高いのに、デンプン消化率が低く、乳牛がエネルギー不足になる、つまり「見かけのエネルギー含量」と「実際のエネルギー含量」に大きな差があったのです。

　図2-2-2に、収穫した後のコーン・サイレージのデンプン消化率（A）の変化を示しました。時間の経過とともにデンプン消化率が大きく向上していることがわかります。なぜ、デンプンの消化率に差が出るのでしょうか？ それは子実の中で、デンプン粒がどのような形で存在しているかと関係があります。

　コーンの子実の白い部分（内胚乳）にデンプンの粒がありますが、それはタンパクの壁に守られた形で存在しています。コーンの子実にはプロラミンという非常に硬いタンパクがあり、それがデンプン粒を守っています。ルーメン内微生物がデンプンにアクセスするためには、このプロラミンの壁を壊さなければなりません。プロラミンは水に溶けないため（非溶解性）、その分解には多くの時間を要します。しかし、プロラミンが溶解性タンパクに変われば、守られているデンプンも消化されやすくなります。「壁」が脆くなり、壊れやすく

なるからです。

　図2-2-2に、収穫した後のコーン・サイレージの溶解性タンパク濃度（B）の変化も合わせて示しました。デンプンの消化率の変化と同じ変化をしていることが一目瞭然です。これは、プロラミンの壁がデンプンの消化を妨げている主な要因であり、数カ月という時間をかけてサイレージの中で「漬け込む」ことにより、プロラミンが分解されやすい状態に変化することを示しています。

　同じ圃場から収穫されたコーン・サイレージでも、サイロに詰めて3週間後は、いわゆる「浅漬け」の状態です。まだ「食べごろ」ではありません。消化されやすくまで辛抱強く待つ必要があります。粗飼料の「在庫」に余裕があるのであれば、少なくとも2～3カ月、可能なら4～5カ月ほど貯蔵してから、サイロを開け、サイレージを給与し始めるのがベストです。

　しかし、飼養頭数に対して確保している粗飼料の量がギリギリであれば、「数カ月間も余分に、サイレージを寝かせる余裕なんかない」と言われる酪農家も

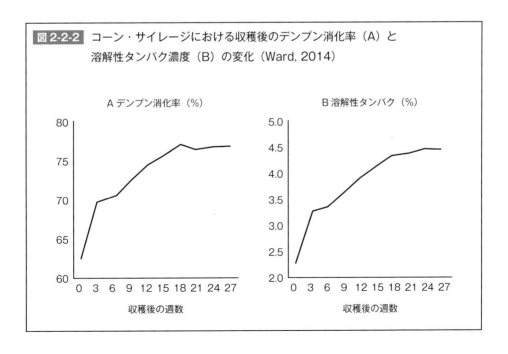

図 2-2-2 コーン・サイレージにおける収穫後のデンプン消化率（A）と溶解性タンパク濃度（B）の変化（Ward, 2014）

おられるかもしれません。しかし、コーン・サイレージが本領を発揮するためには、約4カ月の期間が必要だという認識を持つべきです。粗飼料の給与体系を見直し、部分的に乾草を購入するなどの処置を取り、「コーン・サイレージを給与し始めるのは年が明けてから……」というスタイルに変えていくべきかもしれません。

コーン・サイレージを例にとり、サイロでの貯蔵期間がデンプン消化率に大きな影響を与えることを説明してきましたが、ほかのホール・クロップ・サイレージでも同じような効果を期待できるのでしょうか。大麦のホール・クロップ・サイレージの場合、同じような効果は期待できないと考えられます。その理由は、子実の内胚乳の構造が違うからです。

大麦でもコーンと同じように、タンパクの壁がデンプンの粒を守り、ルーメン微生物のアクセスを制限しています。しかし、大麦の子実中のプロラミン濃度は、コーンの子実よりもはるかに低く、プロラミンがデンプンの消化を妨げる要因とはなっていません。デンプン粒のまわりのタンパクの壁が、もともと脆いからです。

図 2-2-3 に、コーンと大麦の子実の違いを示しました。コーンの場合はタ

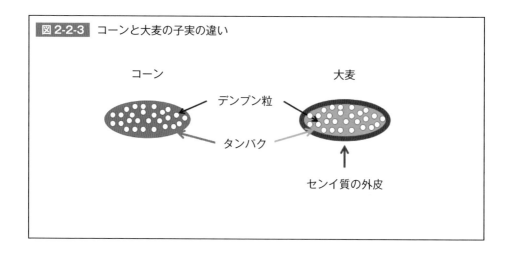

図 2-2-3　コーンと大麦の子実の違い

ンパクの壁が固いので濃い色を、大麦のタンパクの壁は強固ではないので薄い色を使いました。大麦の場合、子実を守っているのは外側のセンイ質の外皮です。デンプン粒のまわりにあるタンパクの壁ではありません。そのため、いったん子実が潰れて内胚乳の部分が剥き出しになれば、大麦のデンプンはルーメン内で素早く発酵します。そのため、大麦のホール・クロップ・サイレージの場合、「サイロでの貯蔵期間が長くなるにつれ、デンプン消化率が高くなる」という現象は見られにくいと考えられます。

▶モニタリング

ホール・クロップ・サイレージは、デンプン含量とデンプンの消化率に大きなバラつきがある粗飼料です。言い換えれば、「見かけのエネルギー価」と「実際のエネルギー価」に大きな違いがあるケースが多々あります。ホール・クロップ・サイレージを中心にした粗飼料基盤で乳牛の飼料設計をしている場合、この「差」に注意を払う必要があります。

粗飼料を分析に出して、デンプンの消化率をチェックすれば良いと考えている読者の方がいらっしゃるかもしれません。しかし、イン・ビトロ（試験管内で）の分析では、わからないことが多くあります。その一つが、子実の大きさの違いがデンプン消化率に与える影響です。粗飼料は分析する前に、乾燥して微粉砕します。そのため、もともとのサンプルで子実の大きさに違いがあっても、その違いがイン・ビトロ消化率に影響を与えることはありません。

例えば、子実が潰れないで丸々そのまま残っている状態でも、クラッシャーが効果的に働いて子実の部分が適度に潰れている状態でも、イン・ビトロ消化率を分析する前に微粉砕してしまえば、その差はなくなってしまうからです。このような限界があるため、もともとのサンプル内での物理的な形状の差は、乳牛に給与した場合の消化率に大きな影響を与えるとしても、試験管の中で分析する「デンプン消化率」には影響を与えにくいのです。

　それでは、どうすれば良いのでしょうか？　一つの方法は、ホール・クロップ・サイレージのサンプルを分析するときに、物理的な要因（パーティクル・サイズ、粒サイズ）を考慮に入れることです。クラッシャーの効果を説明するときに紹介しましたが、「コーン・サイレージの加工スコア」という指標があります。これは、4.95mmの穴のふるいを通過するデンプンが何％あるかという、「化学分析」と「粒サイズ」とを組み合わせた指標です。

　糞中にどれだけの子実が排泄されるかを「観察」することもできるかもしれません。「多い」「少ない」「多そうに見える」といった主観的な観察に限界はあるかもしれませんが、何もモニタリングしないで、潜在的な問題に気づかないのとは格段の差です。糞中に出てくる子実の量を、客観的に数値化されるデータで知ることができればベストです。

　北米の粗飼料分析ラボでは、「糞中のデンプン濃度」という分析項目があり、粗飼料だけではなく、糞のサンプル分析も依頼できます。目標値は3％以下です。もし糞のデンプン濃度が5％以上なら、コーン・サイレージのデンプン消化率に問題のある可能性があり「要チェック」です。これは、コーン・サイレージにおける指標であり、ほかのタイプのホール・クロップ・サイレージの場合、異なるガイドラインを使う必要があるかもしれません。しかし、ホール・クロップ・サイレージのデンプン消化率を、相対的に評価するうえで参考になる指標かと思います。

　実際の乳牛に給与した場合のデンプン消化率と相関関係が高いのは、イン・ビトロのデンプン消化率ではなく、糞中のデンプン濃度という研究データもあります。一度収穫してサイロに詰めたホール・クロップ・サイレージのデンプン消化率を上げることは難しいと思います。しかし、糞のデンプン濃度がわかれば、長期的な視点に立って、粗飼料の質を向上させる大きなヒントを得られると思います。来年以降の粗飼料マネージメントを考える材料となります。

例えば、収穫時期は適切か、クラッシャーの設定は適切か、サイロ内での保存期間を長くできる余地はないかなど、いろいろなことを検討できると思います。以前、北米では「糞に大量のコーンの子実が出てくる」「喰い込みは良いのに乳が出ない」という話をよく聞きました。その大きな要因が、デンプンの消化率の差でした。しかし、クラッシャーが普及し、コーン・サイレージの加工スコアの分析なども一般化するのに伴い、コーン・サイレージのデンプンの低消化率、あるいはデンプン消化率のバラつきといった問題は、だんだん少なくなってきているようです。

第3章　イネ科とマメ科の違いを理解しよう

　粗飼料を使いこなせるかどうかは、まず粗飼料の特徴を理解することから始まります。乳牛の飼料設計において、粗飼料は飼料原料の一部に過ぎません。イネ科の牧草を使うのならイネ科の牧草の長所を引き出すような設計を組み、イネ科の牧草を最も必要としているタイプの牛に給与するべきです。同じくマメ科の牧草に関しても、マメ科の牧草の特徴を理解しているなら、マメ科の牧草から最大のものを得られる牛に給与すべきです。具体的に考えてみましょう。

▶センイの特徴

　まず、本章では、アルファルファをマメ科牧草の代表として扱いたいと思います。クローバなど、アルファルファ以外にもマメ科の牧草はいくつかありますが、研究データが最も豊富にあるのはアルファルファですし、輸入するマメ科牧草の中で最も広範に利用されているのもアルファルファです。マメ科牧草の同義語のような形で、アルファルファに言及したいと思います。

　次に、イネ科の牧草ですが、チモシーやオーチャード・グラス、イタリアン・グラス、クレイン・グラス、ペレニアル・ライグラスなど数多くの牧草が利用されていますが、本章では、まとめて「グラス」と呼びたいと思います。なお、コーン・サイレージなどホール・クロップ・サイレージも、分類学上はグラスになります。デンプン濃度には大きな違いがありますが、センイに関してはイネ科の牧草と同じ特徴を持っていますので、本章では、グラスとして考えていきたいと思います。

表 2-3-1	アルファルファとグラスのセンイの特徴の比較	
	アルファルファ	グラス
センイ（NDF）含量	低い	高い
リグニン含量	高い	低い
可消化 NDF	低い	高い
NDF 消化速度	速い	遅い

アルファルファとグラスのセンイの特徴の違いを簡単に説明したいと思います。**表 2-3-1** にまとめてみました。アルファルファの NDF は約 40％でルーメン内での消化速度は速いですが、リグニン化されているセンイが多いため、可消化 NDF（潜在的に消化され得るセンイ区分）は少なくなります。見かけも茎が固そうですし、可消化 NDF が少ないというのは見た目どおりと言えるかもしれません。

それに対して、グラスは、アルファルファよりもセンイがたくさん含まれています。NDF は 60％以上ですが、ルーメン内での消化速度は遅く、アルファルファと比べて消化に多くの時間がかかります。しかし、リグニン化されているセンイが少ないため、可消化 NDF 含量は高くなります。

▶ DMI と乳量

同じ乳牛にアルファルファとグラスを給与した場合、どちらの牧草を給与したほうが、乾物摂取量（DMI）と乳量が高くなるでしょうか？ これまでに粗飼料を比較して行なわれた研究の中で、センイの消化率を報告している研究からデータを集め、統計的な解析してみると、非常に興味深いことがわかりました。

センイの消化率をグラスならグラス同士、アルファルファならアルファル

ファ同士で比較した研究では、センイの消化率の高い粗飼料のほうが、DMIと乳量が高くなりました。しかしグラスとアルファルファを比較した研究の平均値をとってみると、グラスのほうがアルファルファよりセンイの消化率が高いのにもかかわらず、アルファルファを給与された牛のほうが、DMIが1.8kg／日、乳量が1.9kg／日高くなるという結果が出ました。

　これまでに発表されたアルファルファとグラスの牧草を比較した研究文献を見ても、そのほとんどは「アルファルファを給与された牛のほうがDMIと乳量が高くなった」と報告しています。第1部でセンイの消化率について考えたとき、「センイの消化率が高ければDMIを高めることができる」と述べました。それなのに、どうしてセンイの消化率の低いアルファルファを給与された牛のほうがDMIが高くなるのでしょうか？　これは、一見矛盾しているように見えます。

　最初に考えられる理由は、飼料設計中のNDFの違いが与える影響です。一定の粗濃比でアルファルファの代わりにグラスを使うと、グラスを使った飼料設計のNDF％はどうしても高くなってしまいます。アルファルファはNDF40％前後、グラスは60％前後です。この違いは非常に大きいと言えます。つまりNDFが多いため、1日あたり同じ量を給与すれば、グラスを給与された牛のほうがNDFの摂取量は多くなります。そうすると、ルーメンの膨張感により、DMIが制限されてしまうのです。一定の粗濃比でのグラスとアルファルファの比較は、グラスにとって不利です。

　その反対に、飼料設計全体のNDF％が同じになるように飼料設計し、アルファルファとグラスを比較するとどうなるでしょうか？　計算しやすいように、配合飼料のNDF含量が20％であると仮定してください。NDF30％の飼料設計をしようと思えば、アルファルファを使うなら粗濃比が50：50になります（式1）。グラスを使ってNDF30％の飼料設計をしようと思うなら、粗濃比は25：75になります（式2）。

式1：（40％ × 0.5）＋（20％ × 0.5）＝ 30％

式2：（60％ × 0.25）＋（20％ × 0.75）＝ 30％

　同じNDF％になるように飼料設計すると、アルファルファを使えば粗濃比が50：50と常識的な範囲で済むのに対し、グラスだけを使うと25：75になってしまいます。濃厚飼料の給与量が75％です。これだけ濃厚飼料の給与量が多くなると、ルーメンが発酵過剰になり、乳牛はアシドーシスになるかもしれません。言うまでもなく、これもグラスにとって不利な比較となります。

　アルファルファとグラスを比較する場合、もともとのNDFが根本的に違うため、一定の粗濃比で比較するか、一定の飼料設計NDF％で比較するしか方法がありません。どちらの比較をしても、グラスには不利です。これは、粗飼料の消化性を云々する以前の問題です。アルファルファとグラスの比較は、飼料設計中のNDF、スターチの給与量、粗濃比、タンパク要求量の充足方法、これらが基本的に違うため、いったい何を比較しているのか、わからなくなってしまいます。

　「それなら、NDF含量が同じアルファルファとグラスを比較してみればいいではないか？」と、疑問に思う方が読者の中にいるかもしれません。同じ疑問をもった研究者が、ウィスコンシン大学にいました。その研究者は、NDF含量とCP含量が似通ったアルファルファとグラスを用意して、対等な条件のもとにアルファルファとグラスを比較しようという研究を行ないました。その研究データを詳しく見てみましょう。

　この実験で使われたアルファルファとペレニアル・ライグラスのNDF％は、それぞれ43.8％と46.8％で、多少アルファルファのほうが低いですが、それほど大きな違いではありません（**表2-3-2**）。飼料設計中のNDF含量にも、大きな違いは見られません。しかし、ペレニアル・ライグラスの可消化NDF（％）は、アルファルファより12％程度高くなっています。

表 2-3-2 アルファルファとペレニアル・ライグラスの分析値と飼料設計の比較
（Hoffman et al.,1998）

	アルファルファ	ペレニアル・ライグラス
NDF%	43.8	46.8
CP%	20.2	18.4
可消化 NDF%	52.2	64.2
飼料設計（乾物比%）		
アルファルファ	69.7	—
ペレニアル・ライグラス	—	68.1
コーン	20.5	17.9
大豆粕	1.0	4.8
その他	8.8	9.2
飼料設計中の NDF（%）	35.7	37.1

表 2-3-3 アルファルファとペレニアル・ライグラスを給与された牛の DMI と生産性
（Hoffman et al.,1998）

	アルファルファ	ペレニアル・ライグラス
DMI、kg ／日 *	22.5	20.3
乳量、kg ／日 *	31.8	30.2
乳脂率、%	3.61	3.76
乳タンパク率、%	2.96	2.93
NDF 消化率、%	61.8	65.2

* 統計上の有意差あり

　実験結果を見てみると、アルファルファを給与された牛の DMI が 2.2kg 高くなっています（**表 2-3-3**）。乳量もそれに反応して 1.6kg 増えています。乳脂率と乳タンパク率の差には、統計的な有意差はありませんでした（つまり、アルファルファを給与しても、グラスを給与しても、違いは観察されませんでした）。飼料設計中の NDF 含量に大きな違いはなく、そして粗濃比にも大きな違いがなかったにもかかわらず、グラスを給与された牛の DMI が低いという結果になりましたが、それはなぜでしょうか？

▶ルーメン滞在時間

　アルファルファを給与された牛のDMIが多くなるのは、センイの物理的な特徴の違いによりルーメン滞在時間が違うからではないかと考えられています。ある研究者は、ルーメンでのパーティクル・サイズの減少速度が、アルファルファとグラスとでは違うという結果を報告しています。つまり、アルファルファのセンイは、（咀嚼や反芻により）ルーメンで物理的に粉々になりやすく、グラスのセンイは粉々になるのに時間がかかるということです。そのため、実際に消化されるかどうかに関係なく、物理的に粉々になるのにかかる時間が長いグラスは、ルーメン内の滞在時間が長くなる（通過速度が遅くなる）のではないかというわけです。

　このウィスコンシン大学の実験では、ルーメン内の消化物の通過速度が、アルファルファを給与された牛の場合、4.86％／時であるのに対し、グラスを給与された牛の場合、4.05％であったと報告しています。これをルーメン内での滞在時間に変換すると、アルファルファを給与された牛が20.6時間であったのに対し、グラスを給与された牛では24.7時間になります。

　一言でいえば、アルファルファのセンイは「物理的な脆さ」により粉々になりやすく、ルーメン内での滞在時間が短くなり、ルーメン・フィル（ルーメンの膨張感）が軽減されたため、DMIが高くなったということです。別の言い方をすると、グラスのほうが「腹持ち」が良かったため、DMIが減ったと考えられています。

　グラスを給与された牛のDMIが、アルファルファを給与された牛のDMIより少ない、そのもう一つの理由として考えられるのが、ルーメン・マットの「浮力」の影響です。乳牛が摂取したエサがルーメンで発酵する場合、ルーメン内で、1)ガスの層、2)ファイバー・マットの層、3)液状の層、の三つに分かれます。ルーメン内の状態と似ているのが、作ってから1時間くらい経過したスムージーで

す（**図2-3-1**）。ス
ムージーを作るとき
には、たくさんの空
気を取り込みますの
で、しばらくテーブ
ルの上で放置してお
くと、空気の含み具
合に応じて、1) 泡の
層、2) 空気を多少含
んだ粒々の層、3) 液
体の層、の三つに分
かれます。

図2-3-1 三つの層に分かれたブルーベリー・スムージー

メカニズムはまっ
たく異なりますが、ルーメン内も同じような構造になっています。ルーメン内
に空気は入ってきませんが、センイは発酵している間、メタンや二酸化炭素な
どのガスを生成するからです。そのため発酵中のセンイは、生成されたガスと
一緒になっているため、浮力が生じ、ルーメン内の液状部の上に浮くような形
になります。これが一般に、「ファイバー・マット」あるいは「ルーメン・マッ
ト」と呼ばれているものです。

消化物がルーメンから下部消化器官に出ていく出入り口は、ルーメンの前方
下部に付いています（**図2-3-2**）。つまり、発酵中でガスをたくさん生成し、
浮力のあるセンイはルーメン内の上部に位置するため、ルーメンから、すぐに
出ていってくれません。発酵が終わるとガスを生成しなくなるため、残ったセ
ンイの残りカスは沈み、ルーメンが収縮するときに、下部消化器官へ流出しや
すくなります。

このルーメン内の様子を、頭に置きながらグラスとアルファルファの発酵に

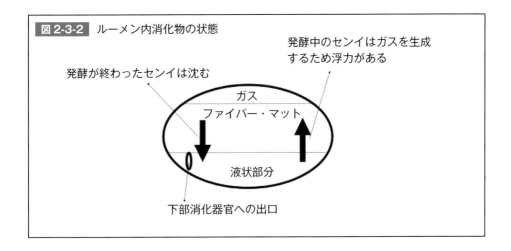

図 2-3-2 ルーメン内消化物の状態

発酵が終わったセンイは沈む

発酵中のセンイはガスを生成
するため浮力がある

ガス

ファイバー・マット

液状部分

下部消化器官への出口

ついて考えてみましょう。グラスは可消化NDFが多く、その発酵速度はゆっくりしています。その一方、アルファルファの可消化NDFはグラスよりも少ないのですが、その可消化部分の発酵速度は比較的に速くなります。つまり、グラスのセンイはゆっくりと時間をかけて発酵するのに対し、アルファルファのセンイはさっさと発酵してしまいます。つまり、グラスのセンイは、ルーメン内で浮力を持っている時間が長いということです。アルファルファに含まれるセンイは、ルーメン内で浮力を持っている時間が短いため、すぐに沈んでしまい、下部消化器官へ流出（通過）しやすい、そのためルーメン・フィルに与える影響が少ないのではないかと考えられるわけです。

　アルファルファならアルファルファ同士で、グラスならグラス同士で、センイの消化率の違う牧草を比較してみると、センイの消化率の高い牧草のほうが潜在DMIは高くなります。発酵速度が速くなるため、ルーメン内でファイバー・マットとして浮いている時間は短くなるからです。しかし、アルファルファとグラスの間には、発酵パターンや物理的な特徴に大きな違いがあります。リグニン含量が多く、センイの消化率が低くても、発酵速度の速いアルファルファのほうがDMIを高めやすい粗飼料だと言えます。

▶ uNDF$_{240}$ に対する乳牛の反応

　粗飼料の消化性を飼料設計で反映するべきだという流れから、粗飼料の uNDF$_{240}$ のデータが注目されていることは、すでに第1部で述べました。uNDF$_{240}$ とは、粗飼料のサンプルを 240 時間ルーメン液の中で発酵させても残る、消化されることのないセンイ区分ですが、本章でも「uNDF」と略します。uNDF はルーメンに残る時間が長いことが考えられるため、ルーメン・フィルへの影響から乾物摂取量を制限する要因になるのではないかと考えている研究者がいます。さらに、同じ「ルーメン滞在時間が長い」という理由から、反芻・咀嚼時間に影響を与えるのではないか、センイの物理性との関連が深いはずだ、と考える研究者もいます。

　それらの理由から、飼料設計中、uNDF は最大 XX％までに抑えるべきだ、しかしルーメン機能の維持のために最低 YY％は給与しなければならない……という指標を出すべきではないか、という動きがあります。しかし、これまで考えてきたように、グラスとアルファルファのセンイの特性に大きな違いがあるのであれば、uNDF が乳牛に与える影響もグラスとアルファルファで異なるのでは……と考えるのは筋が通っています。少し考えてみましょう。少し「マニアック」な内容になるので、難しい話が苦手な方は、このセクションは読み飛ばしてください。

　乳牛は粗飼料の消化性に反応するのでしょうか？ それとも飼料設計中の uNDF に反応するのでしょうか？「粗飼料の消化性」と「飼料設計中の uNDF 含量」、これらは、いずれもセンイの質を評価する指標ですが微妙に違います。

　「消化性の低い粗飼料」の uNDF は高いです。しかし、その粗飼料の給与量を減らせば、飼料設計中の uNDF は低く抑えることができます。もし、乳牛が「飼料設計中の uNDF 含量」に反応するのであれば、消化性の低い粗飼料しかなくても、飼料設計のやり方次第でなんとかなります。

しかし、乳牛が「粗飼料の消化性」に反応するのであれば、飼料設計でできることには限界があります。大事なのは「粗飼料の消化性」か？ それとも「飼料設計中の uNDF 含量」か？ そして、乳牛の反応はグラスとアルファルファで異なるのか？ 考えてみましょう。ここで研究データを二つ紹介しますが、一つ目は、グラスの代表としてコーン・サイレージ主体の飼料設計、もう一つは、アルファルファ乾草が主体の飼料設計です。

まず、コーン・サイレージを使った試験です。センイの消化性が異なる2種類のコーン・サイレージを使って、それぞれ高 uNDF と低 uNDF の設計をした研究データを紹介したいと思います。高 uNDF の設計では粗飼料を多給しましたが（乾物ベースで約65％）、低 uNDF の設計では粗飼料の給与量を約50％に減らし、そのぶん、粉砕コーンの給与量を増やしました。

試験データを**表 2-3-4** に示しましたが、飼料設計中の uNDF 含量が9.6％と最も高い設計で、乳牛の乾物摂取量と乳量は低くなりました。しかし、消化性の低い粗飼料であっても、低 uNDF の飼料設計の中で給与すれば（8.2％）、

表2-3-4 コーン・サイレージの消化性と飼料設計中の uNDF 含量の影響（Grant and Cotanch, 2012）				
	低消化性 コーン・サイレージ		高消化性 コーン・サイレージ	
	高 uNDF 飼料設計	低 uNDF 飼料設計	高 uNDF 飼料設計	低 uNDF 飼料設計
粗飼料のイン・ビトロ NDF 消化率（24 時間）、%	48.6		62.1	
粗飼料の給与量、% DM	68.3	52.6	63.5	49.4
飼料設計中の uNDF、% DM	9.6	8.2	7.6	6.9
乳牛の反応				
乾物摂取量、kg ／日	26.5	29.0	29.2	29.3
乳量、kg ／日	41.7	46.4	46.0	47.8

乳牛の生産性を低下させることはありませんでした。さらに、粗飼料の給与量が多くても、消化性の高い粗飼料主体の設計であれば、飼料設計中のuNDF含量は高くなりませんし（7.6％）、乾物摂取量や乳量に悪影響を与えることもありません。

　これらのデータは、乳牛は飼料設計中のuNDF含量が、乳牛の乾物摂取量を予測するうえで有用な指標であることを示しています。それは、この指標が、「飼料設計中のNDF含量」と「NDFの消化性」という二つの要因を組み込んだものだからです。グラスやコーン・サイレージの場合、飼料設計全体でのuNDF含量が高くならないように注意すれば、乳牛の生産性を維持できると考えられます。

　アルファルファ主体の設計でも、uNDFは有用な指標になるのでしょうか？次に、イタリアで行なわれた研究を紹介したいと思います（**表2-3-5**）。この試験でも四つの飼料設計を評価しました。イン・ビトロNDF消化率の高いアルファルファ乾草（40.2％）と、イン・ビトロNDF消化率の低いアルファルファ乾草（31.2％）を使いました。そして、それぞれのアルファルファ乾草を使って、飼料設計全体のuNDF含量が異なる設計をしました（約11％ vs. 約9.5％）。

　「uNDF含量の高い設計」では、粗飼料の給与量が多くなりましたが、「uNDF含量の低い設計」では、乾草を減らし大豆皮の給与量を増やしました。消化性の高い乾草を使えば、比較的多くの粗飼料を使っても（例：45.4％）、飼料設計中のuNDF含量は低くできます（9.4％）。それに対して、消化性の低い乾草であれば、粗飼料の給与量がほぼ同じでも（例：47.4％）、飼料設計中のuNDF含量は高くなってしまう（11.0％）点に注目してください。

　試験結果を**表2-3-5**に示しましたが、高消化性アルファルファ乾草の場合、「飼料設計中のuNDF含量」を9.4％から約10.8％に高めても、乾物背摂取量や乳量が低下することはありませんでした。高uNDFがルーメン・フィルに

悪影響を与え、乾物摂取量を低下させるのではないかと危惧されましたが、アルファルファの場合、そうではなかったのです。しかし、この試験で、乳牛は粗飼料の消化性の違いに反応しました。消化性の低いアルファルファ乾草を給与された牛は、飼料設計中の uNDF 含量が低くても、乾物摂取量と乳量が低下したのです。

一言でまとめると、コーン・サイレージを給与した場合、乳牛は飼料設計中の uNDF の違いに反応しましたが、アルファルファを給与した場合、乳牛は飼料設計中の uNDF の違いに反応しなかったのです。これは一見矛盾しているように見えますが、どのように整合性を付けることができるのでしょうか。

私は、「乳牛のルーメン・フィル（物理的な満腹感）や乾物摂取量に影響を与えているのは、uNDF そのものではない」と考えています。それは、消化されることのない「uNDF」は発酵しないためガスを生成せず、ルーメンの中でファイバー・マット（ルーメン・マット）を形成しにくいからです。

表 2-3-5 アルファルファ乾草の消化性と飼料設計中の uNDF 含量の影響（Fustini et al., 2017）

	低消化性アルファルファ		高消化性アルファルファ	
	高 uNDF 飼料設計	低 uNDF 飼料設計	高 uNDF 飼料設計	低 uNDF 飼料設計
粗飼料のイン・ビトロ NDF 消化率（24 時間）、%	31.2		40.2	
粗飼料の給与量、% DM	47.4	38.7	55.4	45.4
飼料設計中の uNDF、% DM	11.0	9.5	10.8	9.4
乳牛の反応				
乾物摂取量、kg ／日	24.5	24.5	29.7	29.2
乳量、kg ／日	39.1	39.2	41.2	40.0

　ルーメン・マットは発酵中のセンイからガスが出ることで浮力を得て、形成されています。少し前に説明しましたが、ルーメンから第三胃への出口は、ルーメンの下部にあるため、ルーメン・マットを形成している発酵中のセンイは、ルーメンの中で浮いており、第三胃への出口から遠いところにあるため、なかなかルーメンから出ていきません。そのため、ルーメン・フィルに影響を与えるのは、ルーメン内でファイバー・マットを形成している、発酵中のセンイだと言えます。

　発酵が終わってガスを生成しなくなったセンイは、浮力を失い、ルーメンの底の方へ沈み、下部消化器官へと流れていきます。それと同じように、uNDFはルーメン内で発酵しないため、ルーメン内で沈み、下部消化器官へ出ていきやすく、ルーメン・フィルに悪影響を与えにくいのではないかと考えられるわけです。

　グラスの場合、「飼料設計のuNDF含量」が乳牛の乾物摂取量と関連が深いように見えるのは、この指標が「飼料設計中のNDF含量」と「NDFの消化性」という二つの要因を組み込んでいるからです。いわば、間接的な理由です。グラスであれ、アルファルファであれ、uNDFそのものが、乳牛の物理的な満腹感に影響を与えたり、乾物摂取量を左右しているわけではありません。

　一般論として、センイの消化性の低い粗飼料は、「uNDF含量」が高くなります。しかし、ルーメンでの発酵パターンや物理的な満腹感への影響を考えると、「消化性が低いこと」と「uNDF含量が高いこと」はイコールではありません。uNDFが乳牛に物理的な満腹感を感じさせているのではなく、「消化速度が遅いセンイ」がルーメン・フィルに一番大きな影響を与えているのだと私は考えています。「消化速度が遅いセンイ」は長時間にわたってダラダラと発酵を続けます。そのため、ファイバー・マットを長時間にわたって形成し、乳牛に物理的な満腹感を感じさせ続けるのです。それはグラスでもアルファルファでも同じです。

それに対して、「消化速度が速いセンイ」は比較的短時間で発酵が終了するため、単位 kg あたりのルーメン・マット形成時間も短くなります。そのため、ルーメン・フィルを軽減し、DMI を高められるのです。アルファルファは、uNDF 含量こそ高いものの、消化速度が高いセンイを持っているため、uNDF 含量に関係なく、乳牛に物理的な満腹感を感じさせにくいと考えられます。

結論です。今、乳牛栄養学の研究者の間で「uNDF データを飼料設計に組み込もう」という動きが見られますが、アルファルファとグラスとでは、uNDF データの意味合いが異なることを十分に認識する必要があります。現時点で、飼料設計中の uNDF 含量は、どんな粗飼料基盤にも対応できる飼料設計の指標になっているとは言えません。

▶粗飼料の特徴を活かした飼料設計

アルファルファとグラスの違いについて、これまで考えてきましたが、アルファルファとグラスを使い分けることも大切です。グラスを使うのなら、グラスの長所を引き出せるタイプの乳牛に給与するべきです。同じくアルファルファに関しても、アルファルファの特徴を理解しているなら、アルファルファから最大のものを得られる乳牛に給与すべきです。具体的に考えてみましょう。

どのタイプの乳牛にアルファルファを給与すると、アルファルファの長所を最大に引き出すことができるでしょうか？ それは、泌乳ピーク前後にある高泌乳牛です。「この時期の牛の最大 DMI がルーメン・フィルにより制限されやすい」という点はこれまでに何度か述べました。つまり、乳腺の産乳能力のほうが DMI 能力より大きいため、DMI が増えれば増えるほど、乳量が伸びる時期の牛です。すばやくルーメン内で発酵するアルファルファは、ルーメンの膨張感を軽減し、DMI を向上させることが考えられます。そして DMI 増は乳量増に反映されるでしょう。

　それでは、どのタイプの乳牛にグラスを給与すると、グラスの長所を最大に引き出すことができるでしょうか。グラスの長所は、可消化NDF含量がアルファルファよりも高いことです。しかし完全に発酵するためには、十分の時間ルーメン内に滞在しなければなりません。泌乳後期の牛、育成牛、乾乳前期の牛、これらのタイプの牛は、泌乳最盛期の牛と比較して、エネルギー要求量を充足させることが容易です。つまり、DMIが生産性の制限要因になっていません。そのため「腹持ちの良い」グラスを与えたとしても、DMIや乳量に悪影響を及ぼすリスクが低くなります。アルファルファよりもセンイの消化率の高いグラスは、グラスの長所を引き出せる牛に給与すれば、非常に潜在能力の高い粗飼料であると言えます。

　それぞれの粗飼料には、短所もあります。アルファルファの場合、NDFが低いということが、考えようによっては短所となります。NDFが低い粗飼料を主体にした飼料設計では、濃厚飼料を入れられる余地が少なくなるからです。先ほどの例でも述べたように、粗飼料のNDF含量を40％、配合飼料のNDF含量を20％と仮定すると、NDF含量30％の飼料設計を作ろうと思えば、配合飼料を50％しか入れることはできません（粗濃比50：50）。

　もし、「最高品質」のアルファルファでNDFが35％の乾草があったとします。このアルファルファを使って、NDF含量30％の飼料設計を作ろうと思えば、配合飼料の給与できる量は、全体の33％しかありません（粗濃比67：33）。泌乳ピークの高泌乳牛は、デンプンからのエネルギーを必要としています。NDFの低すぎる粗飼料は、高泌乳牛の飼料設計では、あまり使いやすい粗飼料ではありません。それに対して、NDF45％の牧草を使えば、同じNDF30％の飼料設計をするのに、配合飼料を全体の60％給与できます（粗濃比40：60）。

　グラスの短所は、長所と表裏一体です。「腹持ちの良い粗飼料」であるため、高泌乳牛に給与すれば、DMIを制限しやすくなります。NDF含量が高いため、

それだけたくさんの配合飼料を給与できるという長所がありますが、これも裏返せば短所となります。グラス主体でNDF30％の飼料設計をしようとすると、大量の濃厚飼料を含めることになります。グラス主体の飼料設計では、飼料設計中のNDFが高いとルーメン・フィルが最大DMIを制限し、飼料設計中のNDFが低いと発酵酸の生成過剰が最大DMIを制限するようになるかもしれません。

　グラスとアルファルファをある一定の割合で混合して、仮想上の「粗飼料ミックス」を作れば、飼料設計がやりやすくなり、それぞれの粗飼料の個性を尊重できると思います。例えば、泌乳前期の牛に給与するときには、この「粗飼料ミックス」の割合を、3:7でグラスを少なくしアルファルファを多めにします。アルファルファに活躍してもらう目的は、ルーメン・フィルの軽減です。アルファルファを100％使わない理由は、NDF含量の高いグラスを入れることで、穀類を十分に給与する余地を作ることです。

　そして泌乳後期の牛に給与する場合は、この「粗飼料ミックス」の割合を、7:3でグラスを多くしアルファルファを少なめにできるかもしれません。グラスに活躍してもらう目的は、グラスはNDF含量が高く、グラスを使えば粗飼料の給与量が少なくて済むからです。輸入牧草を使っている酪農家では、飼料コストを減らせるかもしれません。

　実際には、嗜好性の問題や、それぞれの農場の給飼体系にどのように組み込むかという課題、同じ品質のものを安定して入手できるかどうかといった点にも注意を払わなければなりません。しかし、なぜアルファルファを使うのか？なぜグラスを使うのか？が自分の頭の中で整理されているなら、与えられた状況に、臨機応変に対応できるはずです。

第3部

ここはハズせない
粗飼料を
使いこなすための
基礎知識

第1章　粗飼料分析を理解しよう

▶粗飼料を分析する理由

　まず、アルファルファのCP含量について考えてみましょう。アルファルファのCP含量には15％から25％くらいまでのバラつき幅がありますが、もし仮に植物の生理学な理由により、「すべてのアルファルファのCPは20％」と決まっているとすれば、どうでしょうか。アルファルファのCPを分析しようとする人はいないはずです。分析する前から20％であると知っているのであれば、あえてお金を出して確認するようなことはしません。われわれが粗飼料を分析するのはなぜでしょうか。当然のことですが、その大きな理由は、粗飼料の品質にバラつきがあるからです。

　それでは、粗飼料は分析に出さなければいけないものでしょうか。ときどき、乾草の色や茎の太さを見て「質」を語る人がいます。匂いをかいで、もっともらしく首をかしげたり、頷いたりする人もいます。あと、乾草を口に含み、少しモグモグしてからペッと吐き出す、ソムリエのマネごとをする人もいるかもしれません（そんな人はいないか……？）。一見、恰好良く見えるかもしれませんが、これらの粗飼料の評価方法は「技術」ではありません。「技術」とは特異な能力を持った一部の人だけが習得できるものではなく、素人でも学習することによって、それなりのレベルに到達できるものです。私は、そのために粗飼料の分析が存在するのだと考えています。

　色、見ため、匂い、味などの主観的な評価でも、「良い」「悪い」は言えるかもしれません。しかし、その評価判断は数値化することが難しく、数値でき

れなければ、ほかの人達に伝えることもできません。それに対して、粗飼料を分析し、そのデータを的確に解釈し、栄養管理に反映させる、これは「技術」です。素人でも凡人でも、努力することによって必ず習得できるものです。

　粗飼料を分析に出すと、いろいろな分析項目があります。その中で非常に大切なものと、それほど重要でないものとを、区別する目を持つことが必要です。粗飼料の分析項目で大切なもの、これは「粗飼料を分析に出すのはなぜか？」という、基本に立ち返って考えてみると見えてきます。どの粗飼料にも代表的な値があります。飼料設計ソフトには、それぞれの牧草の典型的な栄養成分の値が示されています。しかし、毎日の飼料設計で利用している牧草の栄養価が、その規定値と同じであると推定することはできません。とくに粗飼料の栄養成分には、大きな変動があるからです。粗飼料の分析項目で重要なもの、それはNDFやCPのように、大きなバラつきがある栄養成分です。

　粗飼料を分析するもう一つの理由は、粗飼料の栄養成分を把握することが飼料設計に必要だからです。変動しやすい栄養成分の中でも、NDFやCPなどは、牛にとって影響度の高い、飼料設計をするうえで必要なデータです。NDFは非常に大事な分析項目です。飼料設計で、どれだけのエネルギーが含まれているかの目安になるからです。NDFが低ければ飼料設計中のエネルギー濃度が高く、NDFが高ければエネルギー濃度が低いことを示します。

　飼料設計中のNDF含量は、乳牛がどれだけのエサを喰い込めるかの目安にもなります。高ければ高いほど、物理的な膨張感によって、乾物摂取量（DMI）が制限されやすくなるからです。さらに、NDFはルーメン機能の維持に必要な咀嚼・反芻がどれだけ促進されるかを決める、重要な指標にもなります。もちろん、これまで考えてきたように、NDF値が飼養管理のすべてを語るわけではありません。しかし、定量分析のできる化学的成分の中では、引き出せる情報量が最も多い項目であると言えます。

　CP も飼料設計をするうえでは必要なデータです。例えば、今使っている粗飼料の CP 含量が高いことがわかれば、タンパク源となる、ほかの飼料原料の給与量を減らして飼料コストを下げ、なおかつ乳牛の生産性を維持できるかもしれません。その反対に、今使っている粗飼料の CP 含量が低いようであれば、余分のコストが多少かかったとしても、タンパク源となる別の飼料原料の給与量を増やす必要があります。乳牛のタンパク要求量を充足させなければ生産性が低下してしまうからです。

　NDF や CP のように、家畜の生産性に影響を与え得る栄養素は、粗飼料分析で必須項目と言えます。分析結果しだいで、飼料設計に調整を加えなければならないからです。しかし、バラつきのある栄養素であっても、それが飼料設計のやり方に影響を与えなければ、分析をする必要はありません。例えば、ビタミン含量です。粗飼料のビタミン含量には、大きなバラつき幅があるはずです。しかし、粗飼料のビタミン含量を分析する人はいません。なぜでしょうか？乳牛の飼料設計では、バラつき幅のある粗飼料からのビタミン摂取をあてにするのではなく、ビタミンを必要量だけサプリメントすることが一般的だからです。

　確かに、粗飼料からのビタミン摂取量が高ければ、ビタミンのサプリメント量を多少ケチれるかもしれません。しかし、ビタミンのサプリメント量を減らしても大丈夫かどうかを調べるために、粗飼料のビタミン含量を分析すれば、節約できる以上のお金を分析するために費やさなければなりません。これでは、分析するメリットはゼロです。最初から、粗飼料からのビタミン摂取はゼロだと仮定して、粗飼料をあてにしないで飼料設計するか、フィード・ライブラリーにある代表的な既定値を使って飼料設計するのが賢いやり方です。

　粗飼料の分析項目で大切な栄養成分、それは粗飼料を分析する理由を考えれば明快です。1）変動が大きく、2）牛にとって影響度の高い成分、です。サイレージを利用している酪農家であれば、一番重要な栄養成分（？）は乾物％と

言えるかもしれません。変動が大きく、牛に最も影響を与えるデータだからです。クロース・アップの牛に給与する粗飼料であれば、ミネラルの分析も大切になります。とくに、粗飼料のカリ含量は、1）変動が大きく、2）牛にとって影響度の高い成分、という二つの条件を満たします。

　話が少し横道にそれますが、分析する価値のある栄養成分かどうかを判断するうえで、分析コストは大切な要素になります。粗飼料を分析する究極の目的は、飼料コストを抑えて、なおかつ高乳量を実現することです。分析コストにお金をかけ、その分析データを元にして飼料設計して、乳量が増えたとします。分析にかけたコスト以上の経済的な見返りがあれば、その栄養成分を分析する価値がありますが、そうでなければ分析する価値はありません。

　その一例をあげると、アミノ酸です。アミノ酸組成の分析は、今までに考えてきた分析の必要条件を、すべて満たします。アミノ酸組成は、牛にとって影響度が高い分析値です。しかし、粗飼料のアミノ酸分析を行なうことにより、分析コストが帳消しにするような、つまり分析結果を産乳効果に反映できるような飼料設計ができるかどうかは、疑問です。これは、研究・開発のための分析ではなく、酪農家サイドでの粗飼料分析に限定した議論ですが、それぞれの農場で、粗飼料のサンプルを毎回、アミノ酸分析する必要はないと言えます。

　しかし、「今まで経験のない副産物飼料を使い始めたい」「どうやらタンパク含量も高そうだ」……このようなケースでは話が変わってきます。多少、分析にコストをかけても、適切な飼料設計ができれば、そのコストを上回るメリットがあるかもしれません。その場合、その飼料原料のアミノ酸組成を分析する価値があると言えます。

　ここまで、粗飼料を分析する意義について考えてきました。次に、粗飼料の分析方法について考えてみたいと思います。粗飼料を分析に出す場合、いろいろな方法を選択できます。俗に「ウエット・ケミストリー」と言われる化学的

な手法を使って行なわれる定量分析、近赤外線による分析、乳牛から採取したルーメン液を使って分析するイン・ビトロ消化率、これら三つのタイプの分析方法が一般的かと思いますが、それぞれの特徴と限界をしっかりと理解しておくことは大切です。それでは具体的に考えてみましょう。

▶ウエット・ケミストリーによる分析

粗飼料のNDF値は、乾燥させて微粉砕した粗飼料のサンプルを1gだけ分析して出すデータです。数十t、あるいは数百tあるかもしれないサイレージのNDF含量を、わずか1gのサンプルを分析して計測しているのです。デンプンやCPの分析の場合、分析方法によっても異なりますが、一般的な分析手法で使うサンプルは0.25gです。

ある意味、これは恐ろしいことです。実際に分析に使われる1gのサンプルが、本当に、バンカー・サイロに入っている粗飼料の代表的なサンプルなのでしょうか。これは正しい分析値を得るうえで、考えなければならないことです。デタラメな分析値を入れれば、どれだけ「精密な」飼料設計をしても、飼料設計は不適切なものになってしまいます。英語のことわざ（？）で「Garbage In, Garbage Out」というものがあります。直訳すれば「ゴミを入れれば、ゴミが出てくる」という感じでしょうか。

不正確なデータにつながる要因は、主に二つあります。一つ目は「サンプリング・エラー」です。代表的なサンプルをきちんと取っていなければ、出てくる分析値もデタラメになります。きちんとサンプリングができていなければ、精密な飼料設計は、ただの「自己満足」に過ぎません。分析に出すサンプルは、数カ所から集めたサブ・サンプル（小サンプル）を混ぜ合わせたものでしょうか？ それとも、バンカー・サイロの前に落ちているサンプルを無造作に「拾った」ものでしょうか？

サイレージにせよ、乾草にせよ、無造作につかんで、ビニール袋に入れやすいように手首を振って量を調整しようとすると、切断長の短い部分が地面に落ちてしまいます。そうなれば、分析センターに送る、ビニール袋に入ったサンプルは、バンカー・サイロにある粗飼料を代表したものとは言えなくなります。乾草であれば、サンプルを採るときに葉と茎が分離していないでしょうか？葉の部分が落ちてしまえば、分析値も影響を受けるはずです。このように考えると、的確なサンプリングは、粗飼料分析の基本、いや乳牛の栄養管理の基本と言えます。

　不正確なデータにつながる要因の二つ目は「分析エラー」です。これは「サンプリング・エラー」ほどの大きな悪影響は与えないかもしれませんが、完全になくすことはできません。分析センターでは、このタイプのエラーを最小限にするため、いろいろな工夫をしています。まず、分析センターに送られてきたサンプルの中から「代表的な1g」を得るために、分析の前に微粉砕します。そうすることで、分析する1gのサンプルが、茎や葉、子実を均等に含んだものになるように配慮するわけです。さらに、想定外の数値が出た場合、再分析して確認します。バラつきが多い分析項目の場合、同じ分析を2回行なって平均値を取ることもあります。

　しかし、どれだけ努力しても、分析エラーがゼロになることはありませんし、同じサンプルを2回分析して、小数点以下1桁まで分析値がピタッと一致することもありません。ある程度の分析エラーは許容範囲内だと考えるべきでしょう。NDFが60.0%というデータがあれば、それを絶対視するのではなく、プラス・マイナス1％くらいの誤差を想定して、牛の反応をモニタリングするというのが、分析データに対する正しい向き合い方だと言えます。

▶近赤外線による分析

　粗飼料のサンプルを分析センターに送ると、ほとんどのサンプルは近赤外線（Near-Infrared：NIR）で分析されます。これは試験管やフラスコなどを使う化学分析ではなく、試薬などを使う必要もありません。わずか数十秒で済ませられます。非常にスピーディですし、低コストで分析できます。しかし、この分析方法は、サンプル中のNDFやCPを直接、定量分析しているわけではありません。そのため、どのような原理で分析されているのか、何か問題・制約はないのかを理解しておくのは大切です。

　最初に話を少し脱線させて、物理化学の話から始めたいと思います。「マメ知識」に興味のある方もいれば、「難しい話は苦手だ」という人もいるので、興味がない方は1ページほど読み飛ばしてください。

　まず、信号の色を思い浮かべてください。止まらなければいけないときは「赤」になります。では、なぜ「赤」は赤に見えるのでしょうか？ まるで「チコちゃん」に出てくるような質問ですが、色にはそれぞれ波長があります。青であれば450〜495nm、黄であれば570〜590nm、赤であれば620〜750nmという波長です。太陽や照明から放たれる光は、いろいろな波長が混じり合ったものですが、赤色は赤色以外の波長をすべて吸収して、赤色の波長だけを反射させます。その波長が目に届くため、われわれは「赤」を赤と認識できるわけです。

　暗いところでは、色はハッキリ見えません。それは、可視光線の波長が目に届かないからです。人間の目で見える波長は、360〜830nmくらいだと言われています。それより低い波長（紫外線）や高い波長（赤外線）を人間の目で見ることはできません。

　粗飼料分析で使う波長は750〜2500nmです。赤外線の中でも赤に近い部分の波長なので、近赤外線（NIR）と呼ばれています。人間の目でギリギリ見え

ない部分の波長です。近赤外線には、化学結合のタイプによって、異なる波長の電磁波を吸収するというユニークな特徴があります。

　例えば、CO、CH$_3$、NH$_2$ といった化学結合は、それぞれ異なる波長の電磁波を吸収します。これらの化学結合は、センイやタンパクと相関関係があります。センイもタンパクも、化学結合でできた物質だからです。そのため、近赤外線をサンプルに照射して、そのそれぞれの波長での吸収度を計測して、計算式に入力すれば NDF や CP といった成分値が出てくるわけです。この計算式のことを「検量線」と呼びます。これが NIR による粗飼料分析の原理になります。

　人間の目は、赤色の微妙な違いを見分けることができます。ピンク色、橙色、オレンジ色、柿色、茜色、これらはすべて赤に近い色ですが、吸収・反射する波長が微妙に異なるため、違う色に見えるわけです。これらの色は 600 〜 750nm の波長で、可視光線の範囲内なので、人間の目で違いがわかります。

　しかし、粗飼料分析で使う「近赤外線」は人間の目で見えません。もし、人間の目の機能がもう少し高くて、近赤外線の違いを同じように見分けられるのであれば、牧草の「色」の違いで、タンパク濃度がわかったりするのかもしれません。しかし、それは生理的に不可能です。そこで、NIR が「見える」機械を使ってデータを取り、それを検量線に入れて、栄養成分を算出しているわけです。

　このような NIR 分析の原理がわかれば、その限界も理解できるかと思います。NIR 分析に必要なものは「化学結合」と「検量線」です。化学結合のない栄養成分は、NIR では対応できませんし、検量線のない飼料原料もお手上げです。化学結合のない栄養成分とはミネラル成分です。Na や K といったミネラル成分の多くは、有機物と結合しない状態で存在しています。そのため、近赤外線を当てても反応しません。反応しなければ、NIR 分析で濃度を正確

第3部　ここはハズせない粗飼料を使いこなすための基礎知識

107

に知ることは不可能です。

　CaやPのように、ほかの原子や分子と結合していることが多いミネラル成分は、ミネラルそのものが近赤外線に反応しなくても、「有機物との相関関係」から一定の精度で濃度を算出することができるかもしれません。しかし、NIRは基本的にミネラル含量の分析には適さないということを理解しておく必要があります。クロース・アップの牛に給与する粗飼料であれば、DCAD値を知るために、ミネラルを分析することがあるかもしれません。この場合、ミネラル含量はNIRで推定するのではなく、実際にウエット・ケミストリーで分析する必要があります。

　NIR分析に必要なもう一つのモノは「検量線」です。分析センターでは、それぞれの飼料原料に応じて別々の検量線を使っています。同じ飼料原料であっても、生産地の違いに応じて異なる検量線を使い、精度を高めています。検量線は、正確なNIR分析に必要不可欠です。検量線はどうやって作るのでしょうか。それは、一定数のサンプルを実際に化学分析して、その栄養成分の生データとNIRを使って、検量線を作っています。そのため、検量線を作るのに十分なサンプル数を確保できなければ、検量線の信頼度は低くなります。

　もし、ここに、今まで乳牛のエサとして使われたことがない「副産物飼料」があるとします。誰も使ったことがない未経験の飼料原料です。栄養価を分析して、どのように飼料設計に組み込むかを考えるわけですが、このサンプルをNIRで分析することは不可能です。今まで経験のない飼料原料であれば、この飼料原料のためのデータ・ベースも検量線も存在しないからです。無理やりNIRで分析しようとしても、適切な検量線がなければ、出てくる分析値は正確ではありません。

　NIRによる粗飼料分析は安価ですし、すぐに結果が出ます。NDFやCPなどに関しては、正確で精度も高い分析値を得られます。しかし、NIRでは分

析できない、NIR が苦手とする分析項目も存在するという「限界」を理解しておくことは重要です。さらに、前セクション（ウエット・ケミストリー）で言及した「サンプリング・エラー」に関しては、NIR でも同じことが言えます。分析センターに送るサンプルが、代表的なサンプルでなければ、分析方法に関係なく、正確なデータを得ることはできません。適切なサンプリングは、NIR 分析でも重要です。

▶イン・ビトロ消化率の分析

　ウエット・ケミストリーによる分析にせよ、NIR による分析にせよ、これまでの粗飼料分析は化学的な組成を調べることに重点が置かれていました。「化学的な組成」というと大げさに聞こえますが、NDF（センイ）や CP（粗タンパク）の濃度がどれくらいあるか、それを分析してきたわけです。しかし、この化学的分析手法には大きな限界があります。乳牛の体内で粗飼料を利用するのは、化学薬品ではなく、ルーメン微生物という生き物だからです。

　粗飼料の質について、「ルーメン微生物に聞いてみよう」というアプローチ、“生物学的な要素を取り入れた粗飼料分析”が、「イン・ビトロ消化率」です。粗飼料のイン・ビトロ消化率は、非常に有用なデータですが、このデータを乳牛の栄養管理で使いこなすためには、イン・ビトロ消化率の分析方法を知り、その特徴と限界を理解する必要があります。

　NDF や CP 含量の分析と、イン・ビトロ消化率の分析方法には、根本的に大きな違いがあります。NDF や CP 含量は、「化学的な分析」です。つまり、センイやタンパクといった成分がどれだけあるのかを化学的な手法を使って分析するわけです。そのため、分析方法をきちんと習得した人間が、決められた手順に従って分析すれば、どこで分析しても同じデータが得られます。つまり、同じサンプルであれば、アメリカで分析しても、日本で分析しても、アフリカで分析しても、NDF 含量の分析データは同じはずです。これが化学的な分析

手法の特徴です。

　それに対して、イン・ビトロ消化率というのは「生物学的な分析」手法です。イン・ビトロ消化率を分析する際には、ルーメン液を採取して試験管やフラスコの中に入れ、一定時間（24時間、30時間、または48時間）、微生物に粗飼料サンプルを消化させて消化率を調べます。しかし、フラスコにルーメン液と粗飼料サンプルを入れただけでは不十分です。

　フラスコの中に微生物が必要とするすべてのものを一緒に入れて、微生物の消化活動を最適化させなければなりません。例えば、微生物が必要としているアンモニア、ペプチド、ミネラルを、フラスコの中に入れます。ルーメン内でセンイの消化を担当するのは嫌気性の微生物ですから、酸素に触れさせてもなりません。試験管の中にバッファーを入れてpHが下がらないように注意する必要もあります。温度も高すぎず低すぎず摂氏40℃を維持します。つまり、消化する側の要因を最適化するために、いろいろな配慮をするのです。

　NDFとCPは粗飼料分析の基本項目だと述べました。NDFとCPはいずれも、1）大きなバラつき幅がある、2）バラつき幅が家畜の生産性に影響を与える、という二つの分析条件を満たしているからです。それでは、イン・ビトロ消化率はどうでしょうか。どの程度のバラつき幅があるのでしょうか。

　コーン・サイレージを例に取ると、イン・ビトロ消化率の最小値は35％、最大値は70％です。マメ科の牧草のバラつき幅も23〜60％です。いずれも最小値と最大値の差は35ポイントもあり、これは相対的に見てもNDFやCPのバラつき幅以上です。つまり、イン・ビトロ消化率は、粗飼料を分析する前提の一つ、「バラつき幅が大きい」という条件を文句なく満たしていると言えるでしょう。

　これまで考えてきたように、イン・ビトロNDF消化率における10％や

20％の違いは、ごく普通に見られる現象です。今まで使ってきた牧草のイン・ビトロ NDF 消化率が 40％だったのに、新しいロットの牧草は 50％であるというのは日常茶飯の出来事であると言ってよいでしょう。第 1 部で述べましたが、イン・ビトロ NDF 消化率 1％の違いは、DMI を 0.17kg ／日、4％ FCM 乳量を 0.25kg ／日、高める効果があります。10％のイン・ビトロ消化率の違いは、乳量を 2.5kg 増やす効果があるわけです（0.25 × 10 ＝ 2.5）。イン・ビトロ NDF 消化率が 20％違えば、この乳量差は 5kg になります。これは、イン・ビトロ NDF 消化率が、乳牛の生産性に与える影響が大きいことを明確に示しています。このように、粗飼料のイン・ビトロ NDF 消化率は、「バラつき幅が家畜の生産性に影響を与える」という分析を行なう二つ目の条件も満たしていると言えます。

　「NDF 含量の低い牧草や CP 含量の高い牧草は、イン・ビトロ消化率も高いはずだ。あえて高いお金を余分に払って、イン・ビトロ消化率を知る必要があるのだろうか？」、このように考えられる方もいると思います。イン・ビトロ消化率は、NDF や CP 含量と、どの程度の相関関係があるのでしょうか。もし、強い相関関係があるのならば、あえてイン・ビトロ消化率を分析する必要はないはずです。

　まず、"相関係数" という統計用語に関して、簡単にコメントしておきましょう。これは「− 1 ～ ＋ 1」までの範囲で表される数値で、100％の正の相関関係がある場合は「＋ 1」、100％の負の相関関係がある場合は「− 1」、相関関係がまったくない場合は「0」となります。相関係数が 0.5 や − 0.5 という数値を取る場合、ある程度の相関関係があると言えます。これは、相関関係への期待度によって、相関関係が高いとも低いとも言える、いわゆる灰色の領域です。

　例えば、マメ科牧草の場合、イン・ビトロ消化率と NDF の相関係数は − 0.09 で、イン・ビトロ消化率と CP の相関係数は 0.11 です。ほとんど相関関係がないと言ってもよいでしょう。つまり、NDF や CP を分析しただけでは、イ

ン・ビトロ消化率に関して何もわからないということです。イン・ビトロ消化率とリグニン（% NDF）の相関係数は− 0.47 です。この数値に基づいて、「リグニン含量の高い牧草ほど、イン・ビトロ消化率が低い」と解釈することができるかもしれませんが、この場合の「決定係数」はわずか22.1％（− 0.47 の2乗）に過ぎません。つまり、リグニン含量はイン・ビトロ消化率のバラつきの22％しか説明できないということです。

イン・ビトロ消化率と最も相関関係の高い、リグニン含量でさえこの程度ですから、ほかの分析値に基づいてイン・ビトロ消化率を推測するのは非常に難しいと言わざるを得ません。つまり、粗飼料のイン・ビトロ消化率は、ほかの分析値から正確に推定することができず、実際に分析しない限り、そのデータを入手することはできないのです。

イン・ビトロ消化率の分析では、「ルーメン微生物」という生物学的な要因を取り入れた手法を使いますから、化学的な分析手法よりも優れているように見えるかもしれません。しかし、一概にそのように結論付けることはできません。生物学的な分析方法にも弱点があります。生物学的な分析手法の特徴は、分析結果にある程度のバラつき幅があることです。分析に使うルーメン液の微生物に何らかの問題があれば、分析結果も異なるはずです。イン・ビトロ消化率の分析では、「ここのラボで分析したイン・ビトロ消化率は 40％だったが、別の分析ラボでは 50％だった」というケースがあっても、不思議なことではありません。それは、イン・ビトロ消化率が生物学的な手法を使う分析値だからです。

消化率は、「消化される側」と「消化する側」の二つの要因によって決まります。まず、人間の食べるものを例にとって考えてみましょう。お粥と肉を比べると、消化率が高いのはお粥でしょう。これは、消化される側の要因、「消化されやすさ」によって消化率が決まる一例です。

しかし、肉であれば、「誰が食べるのか」という消化する側の要因が消化率に大きな影響を与えます。離乳したばかりの赤ん坊に肉を食べさせても、消化できないはずです。病気で何日もご飯を食べていない人が、ステーキをいきなり食べれば消化不良を起こすはずです。つまり、肉のように消化されにくいもの、消化するのに時間がかかるものは、消化する側の要因も、消化率に大きな影響を与えるわけです。

乳牛の場合も、それと同じです。粗飼料センイの消化率は、センイの消化されやすさだけによって決まるわけではありません。センイのように、消化するのに時間がかかるものの消化率は、消化する側の要因であるルーメン微生物のタイプ、数、活性度によって大きく影響されます。

ある粗飼料センイの消化されやすさが 60 ポイントであるとします（この点数そのものに大きな意味はなく、この牧草の消化されやすさを数値化しただけです）。消化する側の条件が完全に整っているときに、この牧草のセンイ消化率は 60％になると仮定しましょう。しかし、ルーメン微生物の活性度など、消化する側の条件が何らかの理由で整っていなければ、この牧草のセンイの消化率は 40％になるかもしれませんし、20％になるかもしれません。

このような差は極端かもしれませんが、「消化する側」の要因を常に最適に（あるいは一定に）しなければ、ある程度のバラつき幅が生じます。イン・ビトロ消化率は生き物（ルーメン微生物）を使って分析する手法を取ります。生物学的な分析手法で、"精度の高い"データを取ることは非常に難しいのです。

イン・ビトロ消化率のデータには、ほかにも限界もあります。例えば、「イン・ビトロ消化率を分析すれば、粗飼料のエネルギー含量がより正確に予測できる」と考えている方が大勢いますが、それは間違いです。その理由の一つは、イン・ビトロ消化率が生物学的な分析手法によって得られるデータだからです。これは、一見矛盾しているように感じられるかもしれません。しかし、イン・ビト

第3部　ここはハズせない粗飼料を使いこなすための基礎知識

ロ消化率の分析では、同じサンプルを二つの分析ラボで分析したときに、異なるデータが出てくる場合があります。同じサンプルを分析しても、アメリカの分析ラボで得たイン・ビトロ消化率と、日本の分析ラボで得たイン・ビトロ消化率の値が、まったく同じであることを期待することはできません。エサが違い、牛が違い、ルーメン環境が違えば、分析用に採取するルーメン液の微生物のタイプ、数、活性度も違うはずです。

　それでは、「ここのラボで分析したイン・ビトロ消化率は 40％ だったが、別の分析ラボでは 50％ だった」というケースでは、どのようにデータを解釈すれば良いのでしょうか。40％ が正しい値であると考えるべきでしょうか？　それとも 50％ でしょうか？　その答えは、誰にもわかりません。なぜなら、正解となるべきルーメン内での消化率にも大きなバラつき幅があり、一定ではないからです。そもそも、高泌乳牛のルーメン内の環境が、センイを消化する微生物にとって最適であるとは言えません。たくさんの濃厚飼料を給与されて、ルーメン pH が低くなっているケースが多いからです。

　さらに、イン・ビトロ消化率と実際の消化率には、いくつかの本質的な違いがあります。イン・ビトロ消化率では、微粉砕して 1mm のふるい穴を通過したサンプルを分析します。実際の消化過程では、咀嚼によって、消化物の切断長や粒子サイズが、時間をかけてだんだんと小さくなっていくのに対し、イン・ビトロ消化率の分析では、最初から微粉砕したサンプルを使うわけです。粒子サイズの小さいほうが、当然センイの消化速度は速くなるため、イン・ビトロ消化率は、実際の消化率よりも高い数値を示すことが一般的です。

　その一方で、実際の乳牛のセンイ消化率は、ルーメン消化率だけによって決まるわけではありません。ルーメンは乳牛の一消化器官に過ぎず、センイは大腸でも消化されます。これを考慮に入れると、実際の消化率のほうがイン・ビトロ消化率より高くなることも考えられます。このように諸々の要因が錯綜しているため、イン・ビトロ消化率の分析値をもって、粗飼料のエネルギー含量を予測する

ことは一種の神業と言わざるを得ません。つまり、イン・ビトロ消化率を分析しても、粗飼料のエネルギー含量を正確に知ることはできないのです。

　このように、イン・ビトロ消化率は実際の消化率とイコールではありません。イン・ビトロ消化率を分析すれば、複数の粗飼料の一定の環境下での「消化されやすさ」を比較できるかもしれません。しかし、「消化」とは、消化する側（牛）と消化される側（飼料原料）の両方の要因によって決まることですから、粗飼料だけを分析して、実際の消化率を知ることは基本的に不可能です。

　乳牛に給与した場合の実際の消化率は、咀嚼、ルーメン pH、乾物摂取量（粗飼料のルーメン滞在時間に影響を与える）、大腸での消化など、粗飼料以外の要因によって大きな影響を受けるわけですから、イン・ビトロ消化率を分析したからといって、粗飼料のエネルギー濃度を正確に知ることはできません。

　さらに、ホール・クロップ・サイレージのデンプン消化率のように、粒子サイズが消化率に大きな影響を与えるものは、イン・ビトロ消化率の分析に不向きです。イン・ビトロ消化率の分析を行なうためには、サンプルを微粉砕する必要があります。分析前のサンプルの微粉砕、これは絶対に必要です。微粉砕しなければ、分析のための「代表的な」少量のサンプルを得ることができないからです。しかし、微粉砕してしまえば、もともとの粒子サイズの違いによる消化率の違いを知る機会は失われます。

　ホール・クロップ・サイレージの場合、子実の部分の粒子サイズ、どれくらい潰れているのか、クラッシャーなどできちんと加工されているかが、ルーメン内でのデンプン消化率に大きな影響を与えます。しかし、微粉砕してしまえば、その差はなくなってしまいます。これはイン・ビトロのデンプン消化率の分析の限界です。イン・ビトロでのデンプン消化率がわかっても、そのデータから、ホール・クロップ・サイレージを乳牛に給与したときのデンプン消化率やエネルギー価を正確に知ることはできません。

▶イン・ビトロ消化率データの使い方

「生物学的な評価方法」というのは、イン・ビトロ消化率のメリットですが、デメリットでもあります。微生物の「ご機嫌しだい」で、消化率が変わることもあるからです。化学分析の場合、きちんとした教育・トレーニングを受けたテクニシャンが、定められた方法で分析すれば、分析エラーは最小限に抑えられます。同じサンプルを分析すれば、ピッタリ同一の値が出てくることはなくても、ほぼ同じ分析値を得ることができます。

しかし、生物学的な分析の場合、同じサンプルを分析しても、同じ値が毎回でてくることはありません。ある程度の誤差はつきものです。であれば、「どの程度の差なら誤差の範囲内なのか？」を理解しておくことは、イン・ビトロ消化率のデータを利用・解釈するうえで必要です。

私自身が大学院生のときは、粗飼料のイン・ビトロ NDF 消化率を自分で分析していましたが、アルバータ大学で教職についてからは、分析ラボに「外注」しています。昔、外注先を決めるにあたって、いくつかの分析ラボを「テスト」しましたが、そのときの話をしたいと思います。私自身の経験上、「イン・ビトロ NDF 消化率には大きなバラつきがある」ことを知っていたので、分析ラボをテストしたわけです。

テストの方法ですが、10 のサンプルを二つに分け、3 カ月の間隔をあけて、いくつかの分析ラボに送りました。当然、ID 番号は違うものを使い、分析ラボには「テストしている」ことは伝えないブラインド・テスト（目隠しテスト）です。優秀な分析ラボであれば、3 カ月の間隔があっても、同じサンプルであれば同じデータになるはずです。その結果、一番成績が良かった分析ラボのデータを**表3-1-1**に示しました。2 回の分析結果は、ピッタリ同一ではありませんでした。平均すると、2 回の分析の差は 1.7％でした。しかし、ルーメン微生物を使うという「生物学的な評価」であることを考えると、この程度の差し

かなかったというのは素晴らしいと言えます。

　ここで皆さんに考えていただきたいのは、二つの粗飼料を比較する場合、どのくらいの差があれば「違う」と言えるのかです。1〜2％の差であれば、私は「誤差の範囲」と解釈します。同じサンプルを分析しても、1〜2％程度の差は出るからです。しかし、5％以上の差があれば、それは意味のある差だと思います。それは誤差ではありません。二つの粗飼料を比較しているのであれば、その「消化されやすさ」は異なるはずですし、それを給与された乳牛も、その違いに反応するはずです。それでは、どのように分析データを活用すべきなのでしょうか？　イン・ビトロ消化率のデータを使って、どのように乳牛の栄養管理を向上させることが可能なのでしょうか？

　一つ目は、輸入乾草を購入するときに、イン・ビトロNDF消化率をチェックするという使い方です。乾草を購入するときには、NDFやCPなどの栄養価をチェックすると思いますが、それに加えてイン・ビトロNDF消化率も

表3-1-1　イン・ビトロNDF消化率分析の再現性

	1回目の分析	2回目の分析	差
サンプル1	44.9	46.4	＋1.5
サンプル2	52.4	52.5	＋0.1
サンプル3	53.6	52.9	－0.7
サンプル4	56.4	54.7	－1.7
サンプル5	56.5	54.9	－1.6
サンプル6	56.5	55.1	－1.4
サンプル7	59.4	56.0	－3.4
サンプル8	60.6	57.6	－3.0
サンプル9	63.8	61.4	－2.4
サンプル10	66.3	65.2	－1.1

チェックするのです。イン・ビトロ NDF 消化率は、牧草のタイプや生育した環境の影響を受けます。草種、産地、収穫された年、時期により、牧草のイン・ビトロ NDF 消化率に一定の傾向があるかもしれません。そのようなデータを蓄積すれば、質の高い、乳牛の生産性を高め得る乾草を入手しやすくなりますし、そのようなポテンシャルのある乾草であれば、少し価格が高くても十分にペイするかもしれません。このようなデータの蓄積は、酪農家サイドだけで実施するには限界がありますので、業界全体で取り組む課題になるかもしれません。

　自給粗飼料を利用している酪農家でも、イン・ビトロ NDF 消化率は有用なデータです。分析の結果、センイ消化率の高い牧草と低い牧草の両方が農場にあることがわかったとします。例えば、収穫した時期や圃場の違いにより、センイの消化率が高いラップ・ベールやバンカー・サイロを特定できるかもしれません。

　センイ消化率の高い牧草は貴重品です。高泌乳牛用の粗飼料や TMR を分けて給与できるところであれば、エネルギー・バランスがマイナスになりやすい高泌乳牛にだけ、センイ消化率の高い粗飼料を利用するという給飼戦略を取れるかもしれません。育成牛は、エネルギー要求量が比較的少ないため、必要としているエネルギーを比較的簡単に摂取できます。低泌乳牛も同様です。センイの消化率が低かろうが高かろうが、乳量に大きな影響を与えないかもしれません。猫に小判、低泌乳牛に高センイ消化率です。

　しかし、高泌乳牛の最大乳量や最大 DMI は、ルーメン・フィルにより制限されている場合が多く見受けられます。自給にせよ、購入にせよ、センイの消化率が高い牧草があれば、それを優先的に泌乳ピーク前後の牛に給与するべきです。センイの消化率の高い牧草を給与し、ルーメン・フィルを軽減できるなら、DMI が増えます。DMI が高くなれば、エネルギー状態も良くなり乳量も増えるかもしれません。

タイ・ストール飼養の酪農家や、泌乳牛用の TMR を数種類作っている酪農家、あるいは TMR センターでは、牧草の使い分けをすることで、泌乳ピーク期の牛の能力を引き出すことができます。限られた貴重な資源を、最も投資効果の高いところへ振り向けることは、農場の利益につながります。

今年収穫した粗飼料を、前年に収穫したものと比較するときにも、イン・ビトロ NDF 消化率のデータを参考にできるかもしれません。もし今年の粗飼料のセンイ消化率が低いのであれば、見かけの NDF 含量やエネルギー価に関係なく、DMI を維持するために飼料設計全体の NDF 濃度を下げるという方法を検討できます。あるいは、乳量を維持するために、飼料設計中のデンプン濃度を増やしたり、副産物飼料の利用を検討することもできるかもしれません。その反対に、今年収穫した粗飼料のセンイ消化率が高いことがわかれば、粗飼料を多給しても DMI や乳量は減らないだろうと予測できます。このように、粗飼料のイン・ビトロ NDF 消化率がわかれば、栄養管理のアプローチを考えるヒント、材料にすることができます。

▶分析値 vs. 推測値

粗飼料分析データを解釈するときに、私が重要だと思うのは、分析して出てきた値か、それとも分析した値を元にして推測された値か、という点です。当然、分析して出てきた値のほうが、重要度が高いことになります。例えば、NE_L（乳生産のための正味エネルギー）のことを考えてみてください。

もともと NE_L は、糞や尿、ガス、その他の採食に必要なエネルギーを、実際に牛を使って計量し、それらを差し引いて出てきたエネルギー価です。ME（可代謝エネルギー）は、飼料に含まれるエネルギーから糞、尿、ガスとして排泄されるエネルギーを差し引いたものです。理論的には、粗飼料に含まれるエネルギーの中で、乳牛が実際に利用できるエネルギーがどれだけあるのかを知るうえで非常に優れたデータとなりますが、粗飼料を分析に出して、レポー

トされるエネルギー濃度（NE_L、ME）は、牛を実際に使ってデータを取り、算出されるものではありません。当然のことですが、そんなことをしていれば、粗飼料の分析などできなくなってしまいます。

そこで考えられたのが、粗飼料の栄養成分を元に、エネルギー濃度を推測するという方法です。実際の分析から得られた栄養成分データを計算式に代入し、エネルギー濃度を計算するのです。そうすることで、大量のサンプルのエネルギー濃度データを出すことができます。しかし、この方法の問題点は、エネルギー濃度を決めている要素が栄養成分だけではないという事実を無視していることにあります。

同じ粗飼料でも、DMI の高い牛に給与するのと、DMI の低い牛に給与するのとでは、消化率が違います。DMI の高い牛のほうが消化率は低くなります。ルーメン内の通過速度が高いためです。消化率が違えば、当然エネルギー濃度も異なります。つまり、粗飼料分析の結果出てきたエネルギー価に、一喜一憂する必要はないのです。

例えば、粗飼料分析で NE_L が 1.40Mcal と出てきても、それは絶対的な数字ではありません。DMI の高い高泌乳牛に給与すれば 1.30Mcal の NE_L しかないかもしれませんし、DMI の低い乾乳牛に給与すれば、1.50Mcal の NE_L があるかもしれません。飼料計算ソフトで、計算されて出てくる NE_L や ME 値、これらも推測値です。どれだけ複雑な計算をして出てきても、推測値は推測値です。どれくらいのエネルギーを給与しているのかを知る、ある程度の目安にはなりますが、絶対値ではありません。

それに対して、NDF は分析値です。どんな家畜に給与しても、NDF が45%の牧草は、NDF45%の牧草です。CP も分析値です。それでは、RUP（Rumen Undegradable Protein）はどうでしょうか。RUP とは、ルーメンで分解されないタンパクのことで、飼料計算をするときなどに気になる項目です。しかし、

タンパクがどれだけルーメンで分解されるかどうかも、飼料原料の側だけの要因により決まるのではありません。通過速度やルーメン環境によりバイパス率は大きく影響を受けるため、RUP も推測値であると言えます。

CP を、消化速度が速い区分、遅い区分、消化されない区分に分けて、それぞれの消化速度とルーメン通過速度を推定し、RUP を推測するというアプローチもあります。洗練された方法に見えるかもしれません。しかし、これも推測値であることに変わりはありません。私は、推測値がまったく意味のないものだとは思いません。しかし、飼料原料の分析データを解釈する際の重要度としては、推測値よりも、実際に分析して出てくる値に「価値」があると、私は考えています。

▶ CP と NDF 値の解釈方法

自給粗飼料であれ、輸入乾草であれ、粗飼料の分析を行なう場合、CP（Crude Protein：粗タンパク）と NDF（Neutral Detergent Fiber：中性デタージェント・センイ）の分析を行なうことが一般的です。CP は分析値です。では、CP 値の高い粗飼料は、高品質の粗飼料だと解釈できるのでしょうか？ その答えは、ケース・バイ・ケースです。タンパクは乳生産に必要不可欠な栄養素です。しかし、乳量を決定する要因は CP ではなく、MP（Metabolizable Protein：可代謝タンパク、小腸でアミノ酸として吸収されるタンパク）です。

MP は、ルーメンでの微物タンパクの合成量と RUP（バイパス・タンパク）の供給量により決まります。CP が高くても、ルーメン内で分解された後、微生物タンパクの合成に貢献しなければ、摂取した CP はアンモニアとして乳牛の体内に吸収されてしまいます（『ここはハズせない乳牛栄養学①』第１部、参照）。一般的に、粗飼料に含まれる CP は、RDP（Rumen Degradable Protein）が高く、ルーメンで分解されやすいタンパクです。CP（あるいは RDP）が高すぎる粗飼料は、微生物タンパクの合成に使いきれず、ムダになっ

てしまうタンパクも多くなり、可代謝タンパクを増やすうえで非効率的です。

　一般的に、CP の高い粗飼料は「質の高い」粗飼料と考えられるかもしれませんが、高ければ高いほど良いと考えることはできません。例えば、グラス・サイレージが粗飼料基盤であれば、CP の高い粗飼料は「使いにくい粗飼料」です。グラス・サイレージだけを使って乳牛の可代謝タンパクの要求量を充足させることはできないからです。グラス・サイレージを多給すれば、CP 濃度が非常に高い飼料設計になってしまいます。粗飼料の場合、見かけの CP が高くても、乳牛が乳生産のために利用できる「可代謝タンパク」の供給量が高くなるとは限りません。粗飼料以外の飼料原料をどのように設計に組み込むかを考えることが重要になります。

　NDF も分析値です。では、NDF は低いほうが良いのでしょうか、それとも高いほうが良いのでしょうか。粗飼料の中で、NDF は「消化されにくい部分」です。そのため、NDF 含量が高い粗飼料はエネルギー価が低くなります。さらに、NDF はルーメンの中でゆっくり発酵するため、物理的な満腹感を与え、最大 DMI を制限する要因になってしまいます。そのため、NDF 含量が高い粗飼料を多給すれば DMI は低下します。このような要因を考えると、NDF の低い粗飼料のほうが、「質の高い」粗飼料と言えるかもしれません。

　しかし、乳牛の飼料設計では、ルーメン機能を維持するために、一定量の粗飼料 NDF を含めます。そのため、NDF が低い粗飼料を使うのであれば、それだけ多くの粗飼料を給与しなければならなくなります。輸入牧草を購入している酪農家であれば、それだけ多くの牧草を購入する必要があるため、NDF が低ければ低いほど良いとは言えません。

　例えば、DMI が 24kg ／日の設定で、粗飼料 NDF を 21％給与したいケースを考えてみましょう。1 日あたり約 5kg の粗飼料 NDF を給与することが求められます（24kg ／日 × 21％ ≒ 5.0kg ／日）。もし、その半分にあたる 2.5kg を

アルファルファから給与すると仮定しましょう。少し極端かもしれませんが、三つの例を考えたいと思います。NDFが45%のアルファルファであれば、約5.6kgを給与するだけで事足ります（例1）。しかし、NDFが40%のアルファルファであれば、約6.3kgの給与が必要となります（例2）。さらに、NDFが35%のアルファルファを使えば、約7.1kgも給与しなければなりません（例3）。

　このように、NDF含量の低い、「質の高い」アルファルファを使えば、一定量の粗飼料NDFを給与するために、余分に乾草を購入しなければなりません。

例1　2.5kg ／ 0.45 ≒ 5.6kg
例2　2.5kg ／ 0.40 ≒ 6.3kg
例3　2.5kg ／ 0.35 ≒ 7.1kg

　粗飼料コストの低い地域や酪農家では、NDFの低い粗飼料は、牛にたくさん喰わせても生産性を維持できるため、「質の高い」粗飼料と言えます。しかし、粗飼料コストのほうが高い地域や酪農家では、「NDFが低いほうが優れた粗飼料である」という常識は通用しません。ルーメン機能を維持していくために、物理的に有効度の高いセンイ（NDF）は必要ですが、その有効センイは粗飼料からしか摂取できません。そのため、NDF含量の低い粗飼料を使えば、飼料コストが高くなってしまうのです。

　穀類と比べてエネルギー価・栄養価で劣る粗飼料に、より多くの金を払うというのは、考えてみれば不思議なことです。しかし、粗飼料コストの高い地域では、エネルギー価ではなく、NDFにお金を払っていると考えられます。エネルギーは粗飼料からでなくても、穀類からでも取ることはできます。しかし、有効センイは粗飼料からしか摂取できないからです。

　一般的に、牧草はセンイ含量の高いものほどエネルギー価が低いわけですから、NDF含量の高い牧草を使って高泌乳牛の飼料設計をする場合、大量の穀類を給与してエネルギー不足にならないように配慮しなければなりません。飼

料コストが高くなります。粗飼料を自給している酪農家で、高 NDF の粗飼料を使えば、値段の高い穀類をそれだけたくさん使わなければならないため、高 NDF の粗飼料の価値は低いと言えます。

　しかし、輸入牧草を購入している都府県の一部の酪農家では、これが逆になります。高 NDF の牧草があれば、相対的に値段の安い、ほかの飼料原料や穀類を安全に多給できる余地が増えるからです。NDF の高い牧草は、価値が高いと考えても良いはずです。高 NDF の粗飼料の利用が飼料コストを高めるケースもあれば、低めるケースもあります。NDF の相対的な価値が、それぞれの地域や酪農家の飼料基盤により大きく異なることは、しっかりと認識しておく必要があります。

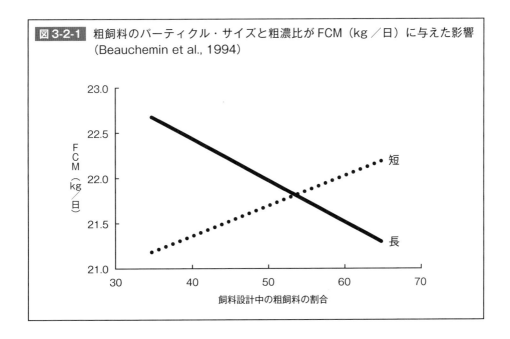

第2章	# 泌乳牛が粗飼料に求めるものを理解しよう

▶物理性

　粗飼料が泌乳牛の飼料設計で果たす役割には二つあります。「エネルギーの供給」と「ルーメン機能の維持」です。そのため、粗飼料の質の基準も二つあります。「消化性」と「物理性」です。どちらも重要ですが、飼料設計のアプローチにより、消化性がより重要になるときもあれば、物理性のほうが大切なときもあります。乳牛の乳量によっても、どちらがより重要になるかが変化します。

　切断長の長いサイレージと短いサイレージをそれぞれ、粗飼料の給与量が35％と65％の飼料設計で給与した試験があります。理論的切断長（TLC）が

図 3-2-1 粗飼料のパーティクル・サイズと粗濃比が FCM（kg ／日）に与えた影響
（Beauchemin et al., 1994）

5mm のものと、10mm のものです。10mm のほうが物理性の高い粗飼料です。そして、それぞれのサイレージを粗濃比が 65：35 の飼料設計と 35：65 の飼料設計で給与しました。乾物摂取量（DMI）を 23kg ／日と想定すると、これは大雑把に言って、濃厚飼料の給与量が 8kg の飼料設計と 15kg の飼料設計の比較になります。

　粗飼料の給与量が 35％の飼料設計では、切断長の長いサイレージを給与された牛のほうが FCM 乳量が高くなりました（**図 3-2-1**）。粗飼料の給与量が少ない設計では、粗飼料の物理性が「粗飼料の質」として重要になることが理解できます。物理的満腹感が採食行動をコントロールする主な制限要因とはなっていなかったのかもしれません。そのため、切断長の長いサイレージを給与されることで、反芻時間が増えて、ルーメン pH や発酵が安定したと考えられます。その結果、DMI が高くなり、乳脂率が高くなることで FCM 乳量も高くなったのでしょう。

　その反対に、粗飼料の給与量が 65％の飼料設計では、切断長の短いサイレージを給与された牛のほうが、FCM 乳量は高くなりました。粗飼料の給与量が多い飼料設計では、物理的満腹感が最大 DMI を制限する主な要因となっていたと推測できます。そのため、切断長の長いサイレージを給与することが裏目に出ました。反芻時間は増えたかもしれませんが、それは摂取したエサがルーメン内に長時間滞留していることを示しています。濃厚飼料の給与量の少ない設計ですから、粗飼料の切断長にかかわらず、ルーメン環境はもともと安定していたと想像できます。そのため、切断長の長いサイレージを給与することによるプラスの効果が観察されなかったわけです。

　このように、NDF が DMI に影響を与えるメカニズムを考えると、その物理性（長いか、短いか）が DMI に影響を与えることも納得できます。そして、長いほうが良いのか、短いほうが良いのかは、飼料設計のアプローチ、粗飼料を多給するのか、それとも濃厚飼料を多給するのか、によって決まることも理

解できます。

▶消化性

　センイの消化率の高い粗飼料を給与する効果も、牛によって異なります。ブラウン・ミドリブ（bm3）という、センイの消化率の高いコーン・サイレージ用のハイブリッドを給与した試験結果を紹介したいと思います。この試験で使われたコーン・サイレージのイン・ビトロ NDF 消化率は、普通のハイブリッド（対照区）が 46.5％であったのに対し、bm3 は 55.9％でした。それぞれのコーン・サイレージを高粗飼料（NDF38％）と低粗飼料（NDF29％）の設計に組み込みましたが、NDF29％の飼料設計では、粉砕コーンを乾物で約 30％給与したのに対し、NDF38％の飼料設計では NDF 含量を同じにするための調整程度で、粉砕コーンをほとんど給与せず、bm3 のコーン・サイレージを給与した設計では穀類の給与量はゼロでした。

　NDF 消化率の高いコーン・サイレージ（bm3）を給与された乳牛は、DMIや乳量が高くなりましたが、乳牛の反応は粗飼料の給与量の多い設計のほうがはるかに高くなりました。NDF29％の低粗飼料の設計での FCM 乳量の差は約

表3-2-1 NDF 消化率の高いブラウン・ミドリブ・コーン・サイレージ（bm3）の給与効果（Oba and Allen, 2000）

	NDF29%		NDF38%	
	bm3	普通	bm3	普通
粉砕コーン給与、%乾物	26.2	29.2	0	5.4
DMI、kg／日	24.7	23.9	22.9	21.5
乳量、kg／日	36.9	33.5	33.7	30.4
3.5% FCM、kg／日	35.6	34.3	35.8	32.6
乳脂率、%	3.28	3.67	3.86	3.90

1kg／日程度でしたが、NDF38％の高粗飼料の設計でのFCM乳量差は約3kg／日になりました。粗飼料の給与量の高い設計で、消化性の高い粗飼料の給与が重要になることが理解できます（**表3-2-1**）。

　粗飼料の消化性が重要になる、もう一つのケースは、高泌乳牛の飼料設計です。たとえ粗飼料の給与量が低い（つまり、穀類の給与量が多い）設計で給与されていても、高泌乳牛は高乳量をサポートできるだけのエネルギーを十分に摂取するのが非常に難しいからです。代謝上は空腹感を感じていて、もっとエサを摂取したくても、ルーメンに物理的なスペースがないためDMIが制限されてしまう、このようなケースでは、消化性の高い粗飼料の給与により、DMIを高め、乳量を高めることができます。先ほど紹介した、NDF消化率の高いbm3のコーン・サイレージを一泌乳期を通じて給与した試験では、泌乳中後期での乳量差が見られなかったものの、泌乳ピーク前後では乳量に約3kgの差が見られました（**図3-2-2**）。

　もし、牛が物理的な満腹感を感じる前に、生理的に「満腹」になってしまえば、センイの消化率の違いがDMIに影響を与えることはありません。例えば、乳

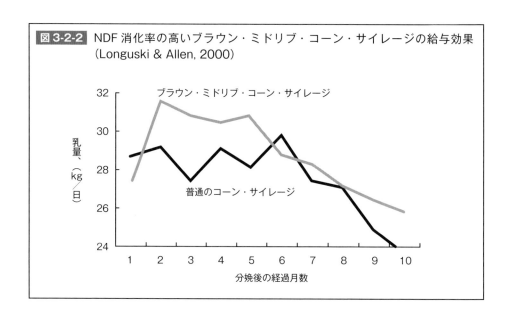

図3-2-2 NDF消化率の高いブラウン・ミドリブ・コーン・サイレージの給与効果（Longuski & Allen, 2000）

量が20kgの牛は、物理的満腹感を感じる前に、必要としているエネルギーや栄養分を十分に摂取することができます。それは、エネルギーの要求量が低いからです。低泌乳牛の場合、センイの消化率の高い牧草を給与しても、DMIはそれほど増えないかもしれません。それは、物理的な満腹感が最大DMIを制限していないからです。

　しかし、乳量が50kgの牛は違います。エネルギーの要求量を充足させる前に、物理的な満腹感を感じて食べられなくなってしまいます。これは、エネルギーの要求量が高すぎるからです。高泌乳牛の場合、センイの消化率の高い牧草を給与すればDMIは増え、乳量も増えるはずです。それは、物理的な満腹感が最大DMIを制限し、エネルギー摂取量が乳量を制限しているからです。

▶物理性 vs. 消化性

　泌乳牛のエネルギー摂取量を最大にするためには、「粗飼料に何を求めるのか?」を意識することが必要です。粗飼料は、その物理性（切断長）と消化性の両方がDMIに影響を与えます。粗飼料の給与量の多い飼料設計では、消化性が非常に重要になります。もともと粗飼料がたくさん給与されている飼料設計では、穀類などルーメン発酵が速いモノの給与量が少なくなります。そのような状況下では、しっかり反芻して唾液を分泌し、発酵酸を中和する必要度が相対的に低くなります。しかし、粗飼料の給与量が多いため、物理的な満腹感が最大DMIを制限しやすくなります。この場合、牛の生産性に直結するのはセンイの消化性なので、粗飼料の質を評価するときも消化性に注意を払うべきです。

　しかし、粗飼料の給与量の低い飼料設計では事情が異なります。粗飼料の物理性が大切になります。粗飼料の給与量が低い飼料設計では、穀類などルーメン発酵が速いモノの給与量が増えるはずです。そのような状況下では、粗飼料に消化性を求める必要度が相対的に低くなります。すでに飼料設計全体で見た

場合、消化性の高いものが十分に給与されているからです。この場合のリスク要因は、ルーメンでの発酵過剰とアシドーシスです。粗飼料の給与量が少ないため、反芻や唾液の分泌が十分に行なわれない可能性が高くなるからです。このような場合、切断長が十分にある粗飼料センイを給与する必要があります。このように、さまざまな要因を総合的に考えて、「粗飼料に何を求めているのか？」を考えることが、粗飼料の質を定義するうえでとても大切です。

　粗飼料に含まれるセンイは発酵速度が遅く、ルーメンの膨張感に与える影響が大きくなります。物理的な膨張感を牛に感じさせないようにすること、それ自体は非常に簡単です。粗飼料センイを給与しなければよいのです。つまり、センイの給与量は低ければ低いほど、飼料設計中のNDF濃度は低ければ低いほど、物理的な膨張感がDMIを制限しにくくなります。しかし、ルーメン機能を維持するには、一定量の粗飼料センイがどうしても必要です。センイの給与量をゼロにするという具合にはいきません。そこで、「消化率の高い粗飼料センイを給与することによって、センイの要求量を充足させながら物理的な膨張感がDMIを制限しにくいようにしよう」という考え方が生まれます。粗飼料のセンイ消化率を考慮した飼料設計、これはDMIを高めることで、高泌乳牛の潜在乳量を十分に引き出そうとする技術です。つまり、粗飼料を賢く使いこなすためには、センイの消化性を考慮に入れた飼料設計をすることが必要になるわけです。

　泌乳ピーク時の乳牛は、生理的には空腹で「もっと喰いたい」と思っていても、物理的にルーメンが満腹で喰い込めず、エネルギー失調状態にあります。先に述べましたが、センイの消化率の高い牧草を給与する価値があるのは、泌乳ピーク時の牛です。このような牛に、センイの消化率の高い牧草を給与すれば、ルーメンの満腹感を軽減し、DMIと乳量を増やすことが可能になります。しかし、泌乳後期の牛であれば、このようなマネージメント努力は無駄です。もともと、エネルギー失調状態でない牛に、"高価な牧草"を給与しても、乳量としての見返りを期待することができません。あえて消化率の高い牧草を給

与するメリットは少ないと言えます。

　エネルギー要求量の低い家畜は、物理的な満腹感がDMIを制限する主な要因とはなりません。乾乳前期の乾乳牛を例にとってみましょう。妊娠も泌乳もしていない牛のエネルギー要求量は、体重に応じて変わりますが大体11Mcal（NE_L）くらいです。これは普通の体機能を維持していくのに必要なエネルギーの量です。妊娠していると多少これが増えて、15Mcalくらいになります。これくらいのエネルギーであれば、乳牛は簡単に摂取できます。

　しかし泌乳中の乳牛は違います。1kgの牛乳を生産するために必要なエネルギーの量は約0.7Mcalです。もし、1日50kgの乳量を出している高泌乳牛であれば、泌乳のためのエネルギー要求量は35Mcal（0.7 × 50）になります。体機能を維持していくのに必要な11Mcalと合計すると、46Mcalになります。これは、生体維持の約4倍に相当するエネルギー摂取量です。泌乳することにより、エネルギーの要求量が急激に増えるわけです。

　実際の農場では、乳量が50kg以上出ている牛から、乾乳間近の乳量15kg程度の牛まで、多様な牛がいます。もし、牛群をグループ分けできる飼養環境であれば、乳量に合わせて粗飼料を使い分けることで大きなメリットが生まれます。センイの消化率の高い粗飼料を、泌乳ピークの牛にだけ給与するのです。低泌乳牛にセンイの消化率の高い粗飼料を給与しても、DMIや乳量にプラスの効果を期待することはできません。育成牛や乾乳前期の牛にも、同じことが言えます。

　もちろん高品質の粗飼料をすべての牛に給与することができれば、それに勝る給飼管理はありません。しかし、いつも最高級の牧草が使えるとは限りません。とくに粗飼料を自給している酪農家であれば、天候などの影響で刈り遅れたり、雨に当たったりして、牧草の質にムラができるのは、ある意味で仕方がないことです。現実問題として、酪農家は低品質の粗飼料も高品質の粗飼料も

使わなければなりません。贅沢は言っていられません。そういう状況下では、高価なものを効果の高いところに投資する手段を模索すべきです。

　繰り返しになりますが、飼料設計をするときに常に考えたいのは、「粗飼料センイに何を求めているのか？」という点です。「粗飼料センイに求めるもの」は、飼料原料のコストによっても異なるはずです。購入・自給を問わず、もし、牧草の価格が穀類など、ほかの飼料原料と比べて安ければ、その牧草をたくさん入れて飼料設計をしたほうがコストを下げられ、利益が上がります。その場合、センイに求めるものは"消化性"です。粗飼料をたくさん給与する飼料設計のリスクは、物理的な満腹感が最大DMIを制限することだからです。

　反対に、牧草の価格が相対的に高ければ、牧草の給与量をできるだけ少なくしたほうが、飼料設計のコストを下げることができます。この場合、NDFに求めるものは"物理性"です。粗飼料センイを十分に給与しない飼料設計のリスクは、必要となる反芻・咀嚼時間が確保できないことでルーメンのpHが下がりやすくなり、代謝上の満腹感が最大DMIを制限することだからです。

　粗飼料センイには二つの顔があります。それを十分に理解して、「自分は今、粗飼料センイに物理性を求めているのだろうか？　それとも消化性を求めているのだろうか？」という質問を常に考えてみる必要があります。

▶刈り遅れの粗飼料の使い方

　ここで、飼料設計中のuNDF（非消化センイ）と「有効NDF」のレベルを変えることで、乳牛がどのように反応するかを調べた、マイナー研究所で行なわれた研究を紹介したいと思います。uNDFとは、ルーメン微生物に240時間消化させた後に残る、消化されないセンイ区分のことです。有効NDFとは、1.18mmの穴のふるいに残る、一定以上の切断長のあるセンイ区分のことです。ここで紹介する試験では、飼料設計中の「uNDF」と「有効NDF」の濃度が、

それぞれ異なる合計4通りのTMRを用意し、牛の反応を比較しました。

　飼料設計中の、uNDF、有効NDF、有効uNDF濃度を**表3-2-2**に示しましたが、この試験の背景にあるコンセプト・理念をわかりすく説明しますと、「消化性の異なる粗飼料を使う場合、理想の切断長・物理性は異なるのか？」という疑問に対する答えを得ることにあります。

　例えば、天候不順などの影響で刈り遅れた粗飼料があるとします。消化されないセンイ、uNDF濃度を分析すれば高いはずです。刈り遅れた消化性の低い粗飼料なので、DMIや乳量は低くなることが予測されます。生産性の低下を抑えることはできないのでしょうか。消化性の低い粗飼料であれば、物理性も低くする（細切断する）ことで、「喰い込める」TMRを設計できないのでしょうか？　このようなアプローチの是非を考えたいというのが、この試験が行なわれた背景です。

　主な試験結果を**表3-2-3**にまとめましたが、TMRの「uNDF」濃度が高くなると、1）乳量が低くなる、2）DMI1kgあたりの採食時間が増える、3）乳脂率が高くなる、という反応が観察されました。さらに、TMR中の「uNDF」濃度と「有効NDF」濃度が同時に高くなると、1）DMIが減少する、2）DMI1kgあたりの反芻時間が増える、という効果も観察されました。

　この試験結果は、TMR中の「uNDF」濃度が高くなれば、乳脂率を高められる可能性がある反面、乾物摂取量や乳量を低下させるリスクがあることを示しています。しかし、「uNDF」濃度が高いTMRでも、粗飼料の切断長が短ければ（有効NDFを低くすれば）、乾物摂取量や乳量を維持できることも示唆しています。つまり、刈り遅れで消化性の低い粗飼料を使ってTMRを作らなければいけない場合、切断長は短めのほうが良いと考えられます。

　サイレージを収穫する前の段階であれば、切断長を短くしたものをサイロに

詰めることを検討できるかもしれません。乾草であれば、TMR に混ぜる前に、細切断することを検討できます。もし、刈り遅れの牧草をサイレージとして収穫した後であれば、そこからサイレージのパーティクル・サイズを変えることは難しいかもしれません。しかし、サイレージの給与量を減らしてビート・パルプのような高センイの副産物飼料を使えば、飼料設計全体の有効センイ含量を減らすことができます。さまざまな方法で、乳牛の生産性を維持する方法を模索できます。

ここで紹介した試験では、「高 uNDF」でも「低有効 NDF」の TMR を喰っ

表3-2-2 試験で給与された TMR の uNDF、有効 NDF、有効 uNDF 濃度（Grant et al., 2020）

	低 uNDF 設計		高 uNDF 設計	
	低有効 NDF 設計	高有効 NDF 設計	低有効 NDF 設計	高有効 NDF 設計
uNDF、%乾物	8.9	8.9	11.5	11.5
有効 NDF、%乾物	20.1	21.8	18.6	21.9
有効 uNDF、%乾物	5.4	5.9	5.9	7.1

表3-2-3 飼料設計中の非消化センイ濃度と有効センイ濃度の効果（Grant et al., 2020）

	低 uNDF 設計		高 uNDF 設計	
	低有効 NDF 設計	高有効 NDF 設計	低有効 NDF 設計	高有効 NDF 設計
乾物摂取量、kg ／日	27.5[a]	27.3[a]	27.4[a]	24.9[b]
乳量、kg ／日	46.1[a]	44.9[ab]	44.0[bc]	42.6[c]
乳脂率、%	3.68[b]	3.66[b]	3.93[a]	3.92[a]
採食時間、分／kg 乾物	9.1[c]	9.6[bc]	10.1[b]	11.9[a]
反芻時間、分／kg 乾物	18.6[b]	19.3[b]	19.3[b]	21.7[a]

[abc] 上付き文字が異なる数値は有意差あり（P < 0.05）

た乳牛のDMIと乳量は、「低uNDF」で「高有効NDF」のTMRと同じでした。これは、「高uNDF」で「高有効NDF」のTMRを喰った乳牛のDMIと乳量が減少したのとは対照的な結果です。

　刈り遅れの粗飼料を使えば、TMRのuNDF濃度は確実に高くなります。これはどうしようもないことです。しかし、牧草の切断長を短くしたり、副産物飼料を使えば、TMRの有効NDF濃度は下げることができます。「高uNDF」でも「有効NDF」を下げれば、乳牛の生産性を維持できるのです。物理性のある有効センイは、ルーメン機能を維持するうえで重要ですが、DMIを低下させるリスクもあります。消化性の低い粗飼料を使うときには、生産性が低下するリスクを軽減するために、有効センイの給与量を減らすことを検討すべきかもしれません。

　ここまで考えると、「消化性」と「物理性」、粗飼料の質の2大要因を一つにまとめた指標を作れないだろうかという考えが出てきます。**表3-2-2**で示した、飼料設計全体の有効uNDF濃度に注目してください。これは、センイの物理性と消化性を一つにまとめた指標です。「高uNDF」と「高有効NDF」を組み合わせたTMRでは、「有効uNDF」濃度が7%を超えましたが、「高uNDF」と「低有効NDF」を組み合わせTMRでは5.9%になりました。これは「低uNDF」と「高有効NDF」を組み合わせたTMRと同じ値です。

　「uNDF」濃度が異なっていたのに（8.9% vs. 11.5%）、「有効uNDF」濃度が5.9%という同じ値だったTMRを給与された乳牛の生産性は、ほぼ同じでした。DMIや乳量との相関関係は、飼料設計中のNDF濃度やuNDF濃度よりも、「有効uNDF濃度」のほうが高いと報告している研究もあります。これらの事実は、「有効uNDF濃度」を指標として使うことにより、飼料設計の精度が増すことを意味しています。

　どれくらい消化性が低ければ、どれくらい物理性を犠牲にしても良いので

しょうか、あるいは犠牲にしたほうが良いのでしょうか。飼料設計中の理想の「有効 uNDF 濃度」というものがわかれば、粗飼料の質に応じて、理想の物理性・切断長を逆算できることになります。これが、今、消化性と物理性を合わせた「有効 uNDF」という指標が注目されている背景です。

　将来的には、「有効 uNDF 濃度は、X.x 〜 Y.y％の間に収まるような飼料設計が望ましい……」といったガイドラインが作られるようになるかもしれません。ただ残念ながら、現時点で、乳牛の飼料設計における理想の「有効 uNDF 濃度」がどれくらいなのか、具体的な数値はわかりません。具体的な数値を知るためには、さらに研究データを蓄積することが必要です。

第3章　副産物飼料を理解しよう

　副産物飼料は粗飼料ではありません。副産物飼料の使い方を、「粗飼料」がメイン・テーマの本書で論じるべきか悩みましたが、副産物飼料の使い方をマスターすることは、粗飼料を使いこなすうえでも必要不可欠ですし、副産物飼料の使い方は粗飼料の使い方にも影響を与えます。いわば、1枚のコインの、表と裏の関係です。それでは、まず、何が副産物飼料なのか、その定義から考えてみましょう。

　私は、「人間が利用するモノを作ったときに出る残渣物で、エサとして利用できるもの」が副産物飼料だと考えています。ある意味、乳牛の飼料原料は、ほとんどが副産物飼料と言ってもよいかと思います。粗飼料は、基本的に、牛に喰わせることを主目的に栽培するものですから、副産物飼料ではありません。穀類も、人間ではなく家畜の食べ物として使われることがわかっていても生産されるものですから、これも副産物飼料ではありません。

　大豆粕はどうでしょうか。乳牛のタンパク源として広範に利用されていますが、これは大豆から、人間の食品となる大豆油を取った後に残る残渣、誤解を恐れずに言えばゴミ、産業廃棄物です。これは立派な副産物飼料です。

　ミネラルやビタミンのサプリメントはどうでしょうか。これは乳牛に食べさせるものとして作られるのもですから、副産物飼料ではありません。このように考えると、副産物飼料は、乳牛の食べるもので、粗飼料、穀類、サプリメント類以外のモノだと言えるかと思います。

第3部　ここはハズせない粗飼料を使いこなすための基礎知識

137

　副産物飼料の利用は、畜産が社会に貢献できる一つの形であり、乳牛の栄養管理のロマンだと言ってもよいと思います。ゴミを再利用して、栄養価の高い乳を生産する、考えただけでもワクワクします。私は、大学4年生に「反芻家畜の栄養学」を教えていますが、学生に与える最初の課題は「副産物飼料のリサーチ」です。乳牛に給与されている副産物飼料を一つ選ばせて、何を作るときに出てくる副産物か、乳牛が利用できなかったらどうなるか、乳牛に給与するときの注意点は何か、などを網羅する10分のプレゼンを学生にしてもらいます。その課題を通して、栄養学の面白さや人間社会との結びつきについて考えてもらい、ゴミを資源として利用するための技術（家畜栄養学の真髄）を学ぶモチベーションに変えてもらおうと考えています。成功しているかどうかはわかりませんが……。

　学生（とくに男子学生）に一番人気のある副産物飼料は、ビール粕です。ビールを作るときには大量の廃棄物が出ます。基本的に、ビールの主原料の大麦のうち、ビールになる部分以外は、ビール粕になります。もし、この地球に家畜がいなくて、ビール粕をほしがる人が誰もいなければ、ビール会社は、この産業廃棄物を処理するのに多額のお金を払わなければなりません。牛がいるからこそ、ビールは学生でも飲める価格で売られているのです。

　アルバータ大学のあるエドモントン市には、ビール工場がいくつかあります。その工場から出るビール粕は近隣の酪農家に利用されています。私の知り合いの酪農家は、運送にかかる実費に少しイロをつけた値段を払って、週1回、ビール粕を配送してもらい、飼料原料として利用しています。時間のあるときには、授業の一環のフィールド・トリップとして、その農場を訪問し、バンカー・サイロの横に積んであるビール粕を見てもらうようにしています。学期の終わりに、学生にコースを履修した感想を書いてもらいますが、「このコースを履修してから、ビールを飲むときには、牛のことを考えるようになった」という学生もいました。

それぞれの地方で、さまざまな副産物が乳牛の飼料として利用されています。副産物飼料を利用するときに気をつけなければならないのは、それらが「牛のエサになるために作られているのではない」という当たり前の事実です。ある原料から、人間が必要とするもの、経済的価値の高い部分を抽出、加工した残りが、副産物飼料です。栄養成分に大きな偏りがあってもおかしくありませんし、毒になるものが含まれている可能性もあります。基本的にゴミをエサとして利用しているわけですから、いろいろな制約があって当然かもしれません。それでは、副産物飼料の持つポテンシャル、その限界、注意点について、具体的に解説したいと思います。そして、粗飼料を使いこなすという視点から、副産物飼料が果たしている役割についても考えてみましょう。

▶飼料設計での副産物飼料の役割

副産物飼料は、二つの大きなタイプに分けることができます。

1) タンパク源となる副産物飼料（例：大豆粕、ナタネ粕、DDGS など）
2) エネルギー源となる副産物飼料（例：ふすま、ビート・パルプ、綿実など）

副産物飼料はサプリメントではありませんので、主にタンパク源として利用されているものにも油脂やセンイが含まれていますし、エネルギー源として利用されているものでも、タンパク濃度が比較的に高いモノもあります。飼料設計での、粗飼料、穀類、副産物飼料の位置づけについてまとめてみました（**表3-3-1**）。

タンパクに関しては、副産物飼料以外の飼料原料（粗飼料と穀類）はタンパク濃度が低く、乳牛の栄養要求量を粗飼料と穀類だけで充足させることは不可能です。そのため、タンパク源となる副産物飼料には、飼料設計の中で常に活躍してもらわなければなりません。価格が多少高くても、飼料設計に組み込む必要があります。

	エネルギー	タンパク
粗飼料	低い	やや低い
穀類	高い	低い
副産物飼料の果たす役割	ケース・バイ・ケース	タンパク源として必要

表3-3-1　粗飼料と穀類のエネルギーとタンパク濃度と、副産物飼料の役割

　しかし、エネルギー源としての役割を見てみると、副産物飼料の立ち位置は微妙です。栄養的には絶対に必要なものではありません。そのため、粗飼料や穀類、それぞれの副産物飼料の価格や入手しやすさ次第で、粗飼料の代用として使われるときもあれば、穀類の代用として使われるケースもあります。それでは、まず「粗飼料と穀類で足りないものを、副産物飼料で補う」というケースについて考えてみましょう。これは「粗飼料の給与量を最大にして、購入飼料費を抑えたい」という自給粗飼料基盤の地域で考えたい視点です。この場合、副産物飼料の立ち位置は「粗飼料の代用」か「穀類の代用」というものです。

▶粗飼料の代用としての副産物飼料の利用

　粗飼料の代用として副産物飼料を利用するケースには、二つのシナリオが考えられます。一つ目は、必要としている粗飼料が収穫できなかった（量が足りない）という状況、二つ目は、収穫した粗飼料の質が低いという状況です。

　私が住んでいるアルバータ州では数年前に旱魃があり、粗飼料を十分に確保できない酪農家がいました。春先に粗飼料の在庫が尽きそうになり、「粗飼料の給与量を減らせないか？」「粗飼料の給与量を減らしても、牛の健康や乳脂率への悪影響を最小限にするにはどうしたらよいのか？」という相談を受けたことがあります。このような場合、高センイ副産物飼料を、粗飼料の代用として使うことが求められます。

高センイ副産物飼料は、パーティクル・サイズが小さく、粗飼料が持っているような物理性、反芻・咀嚼を促進する力が少なくなります。想定される問題点は、ルーメン機能の低下や乳脂率の低下、アシドーシスです。これらのリスクを最小限にするためには、粗飼料に期待するものも変化します。このような状況下で粗飼料に求めるべきものは消化性ではなく、物理性です。粗飼料の切断長が適切かどうかを吟味することが、栄養管理の最重要課題になります。

　ルーメン・アシドーシスのリスクを最小限にするには、穀類の給与量を減らすことも選択肢の一つです。粗飼料の給与量が足りない状況で、穀類の給与量を減らそうという考え方は、ルーメン発酵のバランスを取るという視点からは理にかなっています。しかし、粗飼料を減らし、穀類を減らせば、それ以外のものを何かを増やさなければなりません。副産物飼料の出番です。

　副産物飼料を粗飼料の代用と使うのは、アシドーシスになる危険と紙一重のところで、ルーメン発酵のバランスを取っていることになります。飼料原料の質が変化したり、TMR を作っているときに計量ミスがあったり、牛が少し固め喰いすると、ある程度の失敗を吸収してくれる「緩衝地帯」が少ないために、アシドーシスの問題が起こりやすくなります。そのため、農場全体のマネージメント力を高め、さまざまな「ブレ」を最小限にする努力も必要になります。

　次に、粗飼料の代用として副産物飼料を利用する二つ目のシナリオ、「粗飼料の質が低い」という状況について考えてみましょう。昨年、アルバータ州は冷夏でした。気温が上がらず、乳牛の主要な粗飼料源の大麦のサイレージのエネルギー価の低さが大きな問題になりました。子実部分にデンプンが十分に入らなかったのです。通常であれば、デンプン濃度が20％程度になる大麦のホール・クロップ・サイレージですが、昨年収穫されたものは10％前後しかありませんでした。日本でも、収穫時期に長雨が続けば、刈り遅れになり、グラス・サイレージの質（消化性）が大きく低下するケースもあると思います。

　このような状況下で、粗飼料の給与量を減らさなければ、乳量は確実に低下します。「粗飼料の給与はルーメン機能に必要不可欠だ」という考え方は間違いではありませんが、粗飼料給与を、乳牛の栄養管理の「聖域」のように捉えるべきではありません。ホール・クロップ・サイレージであればデンプン不足、グラス・サイレージであればセンイ消化率の低さなど、理由はさまざまですが、粗飼料の消化性が低いことが考えられる場合も、高センイ副産物飼料の出番です。ビート・パルプや大豆皮は、センイの消化率が非常に高いからです。あるいは、エネルギー濃度の高い、ほかの副産物飼料の利用も検討できるかもしれません。

　先ほど、「昨年収穫された大麦のホール・クロップ・サイレージのエネルギー価が低い」というアルバータ州の問題を紹介しましたが、ある農家は、1）ビール粕の給与量を増やし、2）ホエー液を給与し始めることで、乳量を維持することに成功しました。ビール粕は、ビート・パルプや大豆皮ほどではないにしても、センイの消化率が高い副産物飼料です。嗜好性も高く、乾物摂取量（DMI）を維持することに貢献します。ホエーは糖含量の高い副産物飼料で、デンプンと比較して乳脂率を低下させにくい、反対に乳脂率を高める働きを持つ飼料原料です。

　センイの消化率が低い粗飼料を給与すれば、ルーメンにセンイが溜まりやすくなり、物理的な満腹感からDMIが低下し、乳量も減少するかもしれません。しかし、粗飼料の給与量を減らし、消化性の高い副産物飼料を給与すれば、物理的な満腹感を軽減し、DMIと乳量を維持できます。

　粗飼料の給与量を減らし、副産物飼料の給与量を増やす、このような設計をすれば、飼料設計中の有効NDFは少なくなります。しかし、粗飼料の消化性が低下しているのであれば（uNDFが増えているのであれば）、粗飼料の給与量を減らしても、飼料設計中、一定の「有効uNDF」濃度を維持できるはずです。これは、前章で紹介した「物理性」と「消化性」を組み合わせた、新しく提唱

されている飼料設計の指標ですが、消化性の低い粗飼料を給与する場合、物理性の重要度が相対的に低くなるというのがポイントです。

▶穀類の代用としての副産物飼料の利用

これまで、「粗飼料で足りないものを、副産物飼料で補う」というケースについて考えてきましたが、次に、「穀類の代用」として副産物飼料を利用するシナリオについて考えてみましょう。穀類の価格も変動します。コーンは過去数十年、乳牛にとって比較的安価なエネルギー源でしたが、中国などの新興国の食生活が豊かになり、乳肉への需要が高まるにつれ、コーンへの需要も増えています。さらに、コーンからエタノールを生産するという新たな使い道もでき、これも需要を押し上げています。

このような状況下で、アメリカのコーン・ベルト地帯の気候不順が起これば、コーンの値段が暴騰し、「乳牛の安価なエネルギー源」として簡単に入手できない状況になります。その場合、コーンなどの穀類を給与するよりも、エネルギー価では多少劣っても、安価で入手できる副産物飼料を穀類の代用として利用するケースが想定されます。

夏のヒート・ストレスがかかる時期は、乾物摂取量、とくに粗飼料の摂取量が激減します。そのようなとき、デンプンを多く含む穀類に頼れば、乳量は維持できるかもしれませんが、ルーメンでの発酵過剰から乳脂率が低下するリスクがあります。そのようなときに検討したいのが、穀類の代わりにセンイ含量の高い副産物飼料を利用することです。ルーメン発酵を穏やかに保つことで、乳脂率低下のリスクを軽減しつつ、乳牛のエネルギー摂取量を維持することが可能になります。

副産物飼料を穀類の代用として使う場合、乳牛の栄養管理で、どのような点に気をつければ良いのでしょうか。「物理性が低くなる」「消化性が高くなる」

という効果は、副産物飼料を粗飼料の代用として利用している場合にのみ言えることで、副産物飼料を利用すること自体により起こる現象ではありません。

　もし、ある一定の粗濃比になるように飼料設計し、副産物飼料を濃厚飼料の一部として給与するなら、穀類の代用として副産物飼料を使っていることになります。また、副産物飼料を飼料設計に組み込んでも粗飼料の給与量を変えない場合も、穀類の代用として副産物飼料を利用していることになります。

　これらのケースでは、粗飼料の給与量に変化はないわけですから、飼料設計全体の物理性が低くなることはありません。ルーメンの膨張感や物理的な満腹感を軽減することもないでしょう。しかし、穀類との比較においてエネルギー濃度が低いため、エネルギー不足になるリスクがあります。

　副産物飼料を、粗飼料の代用として利用するのか、それとも穀類の代用として利用するのか、これは乳牛の反応にも影響を与えます。高センイ副産物飼料の代表的な存在である、大豆皮を乳牛に給与した研究結果をまとめた論文があります。

　それによると、粗飼料の代わりに大豆皮を利用した研究では、一般的な傾向として、乳脂率に影響はなく、乳量が増えたと報告している研究がいくつかあります。乳脂率が低下しないようにきちんと配慮すれば、粗飼料の代用としての副産物飼料の利用は、飼料設計全体の「消化性」を高め、エネルギー摂取量を高めることで乳量増につなげることができます。

　その反対に、穀類の代わりに大豆皮を利用した研究では、一般的な傾向として乳量への影響はないものの、乳脂率が増えたと報告している研究がいくつかあります。これは、ルーメン発酵が穏やかになったからではないかと推察されます。このように、副産物飼料は、給与するか否かではなく、どのような使い方をするかが、乳牛の反応に影響を与えるのです。

▶副産物飼料で足りないものを粗飼料で補う

　副産物飼料の使い方で、粗飼料の代用として使っているのか、穀類の代用として使っているのか、よくわからないケースも多々あると思います。基本的に、利用できる副産物飼料をまずできるだけ多く利用したい、それで足りないものを粗飼料や穀類から補おうというスタンスの栄養管理の場合、どのように考えれば良いのでしょうか。これは粗飼料を自給せずに購入している酪農家、あるいは副産物飼料が入手しやすい地域、「粕酪」地帯で考えたいことです。

　乳牛が必要としているもので、副産物飼料が供給できないものは何でしょうか？　それは「物理性」です。言い換えると、反芻・咀嚼を促進するために必要なパーティクル・サイズです。ビート・パルプのように細粉砕された副産物飼料が咀嚼を促進する力は、粗飼料の１／４程度だと言われています。ペレットになったものは大きく見えますが、ルーメンに入ればすぐに粉々になるので、ルーメン内での物理的な刺激を十分に与えることができません。

　副産物飼料を多給する飼料設計で考えるべきことは、物理性のある粗飼料を効率良く供給することです。粗飼料に求めるものは物理性です。極端な話、喰ってさえくれれば、消化性は二の次とも言えます。エネルギーは粗飼料以外のモノからでも供給できますが、物理性は粗飼料からしか供給できないからです。このような飼料基盤の酪農家は、粗飼料を購入しているというよりも、有効 NDF にお金を払っていると考えたほうが良いかもしれません。

　「効率良く有効 NDF を給与する」とは、具体的にどういうことでしょうか。ここに、グラスの乾草とアルファルファの乾草があるとします。どちらの乾草のほうが効率良く有効センイを供給できるのでしょうか？　答えは、グラスの乾草です。まず NDF 含量が高いこと、そして第２部でも説明しましたが、グラスに含まれるセンイのほうがルーメン内に滞在する時間が長いからです。

　では、グラスの乾草とワラの比較はどうでしょうか？ ワラのほうが NDF 含量が高く、消化率も低いことからルーメン滞在時間も長くなります。数字だけを見る限り（実際に牛の口に入りさえすれば）、ワラのほうが効率の良い有効センイ源だと言えます。誤解を恐れずに極端な言い方をすれば、「最高級」のアルファルファ乾草よりも、バキバキの稲ワラのほうが、副産物飼料を多給されている乳牛が粗飼料に求めているものを供給しているのです。

　粗飼料 1kg あたりの値段を NDF 含量で割ってみてください。粗飼料 NDF1％あたり何円を払っているでしょうか。どの粗飼料が、一番安価に NDF を供給しているかをチェックしてみるのも、必要な視点だと思います。

　次に考えたいのは、「喰ってさえくれれば」または「実際に牛の口に入りさえすれば」という問題です。「ここに有効 NDF があります！」と自己主張させるような形でワラを給与しても、乳牛は喰ってくれません。牛の口に入らなければ、咀嚼させることもありませんし、反芻を促進することもありません。

　パーティクル・サイズが最も大きい区分（ペン・ステート・パーティクル・セパレーターの一番上のふるいに残る区分）は、牛が選り喰いして食べ残す部分です。喰ったとしても、採食に時間がかかるため DMI が低下しますし、反芻時間を増やす効果も限定的です。数値の上では「有効 NDF」の一部としてカウントされるかもしれませんが、実際の効果は非常に低いと言えます。

　本書の第 1 部で詳述しましたが、選り喰いをさせることもなく、DMI も低下させず、反芻を促進する、本当の意味での「物理性」が一番高いのは、ペン・ステート・パーティクル・セパレーターの 2 段目のふるいに残る部分です。乾草を細切断する場合、この区分が多くなるように考えるべきです。そうすれば「効率良く有効センイを給与する」ことにつながります。

　さらに、TMR に加水したり、糖蜜を添加することで、乳牛の選り喰いを減

らすことも大切です。効率良く有効 NDF を供給することは、コンピュータ上の数字合わせではありません。実際に牛の口に入るかどうかを確認することが求められます。

　副産物飼料をできるだけ多く給与したい設計では、「物理性への要求度を低くする」ことも検討に値します。乳牛には乳生産のためのエネルギーや可代謝タンパクの要求量がありますが、乳牛自体が「物理性」の要求量を持っているわけではありません。飼料設計の中で必要とされる「物理性」は、ルーメンでの発酵量がどれくらいあるかによって変わります。

　デンプン濃度が高く、ルーメンでの発酵量が多い飼料設計では、それに見合う反芻時間を確保することが必要なので、物理性が重要になります。しかし、デンプン濃度が低い設計にすれば、物理性が低くても、ルーメン発酵のバランスを取ることは十分に可能です。副産物飼料を多く給与する場合、穀類、デンプンの給与を減らす余地がないかを十分に検討すべきです。

　このように考えると、高センイ副産物飼料とは、消化性は高いものの、物理性が低い飼料原料だと言えます。その長所を最大限に引き出しつつ、そのデメリットを最小限にするためには、「粗飼料に何を求めているのか」を常に意識し、飼料設計全体で、乳牛が必要としているものを供給できるように工夫することが求められます。

▶栄養成分のバラつき

　副産物飼料を利用するときに注意しなければならないのは、栄養成分のバラつきです。副産物飼料は、乳牛のエサにするために開発されたモノではありません。他業界から出てくる産業廃棄物を、われわれが乳牛のエサとして使っているだけです。そのため、栄養成分に偏りがある、乳牛にとって好ましくないものも入っているリスクがあることは、すでに述べました。もう一つ考えたいのは、栄養成分にバラつきがあることです。コーン DDGS（Dried Distillers Grains with Solubles）を例にとって考えてみましょう。

　コーン DDGS は、コーンの子実からエタノールを生産した後に残る残渣です。コーンの子実中、約70％を占めるデンプンが糖になり、アルコール発酵してエタノールが生成されます。残りの 30％が DDGS になります。そのため、コーンの子実でもともと 10％くらいの含量であった NDF や CP の含量は約3倍になります。コーンの子実の栄養成分には、ある程度のバラつきがあります。CP が 1％高いモノもあるかもしれませんし、1％程度低いモノもあるかもしれません。しかし、そのバラつきが DDGS では 3 倍になります。

　コーンの子実から作られるのは、エタノールという純度の高い製品です。もともとの原料に存在した栄養成分のバラつきは、エタノールの生産量に影響を与えるかもしれませんが、エタノールは 100％エタノールです。原材料の栄養成分のバラつきは、残渣となる DDGS にすべて凝縮されます。これは、ほかの副産物飼料でも同じことが言えます。

　ビール粕も、主原料となる大麦の栄養成分には一定のバラつきがあるはずです。しかし、ビール工場は、原料の栄養成分にバラつきがあっても、同じクォリティのビールが生産できるように努力します。その結果、もともとの原料に存在した栄養成分のバラつきは、残渣であるビール粕の栄養成分のバラつきに直接反映されることになり、そのバラつき具合も数倍になります。

バラつきが出てくるのは栄養成分だけではありません。消化率も大きく変動します。例えば、コーンDDGSの場合、エタノールを作った後に残るのは、液状の残渣です。しかし、水分を多く含んだ状態では、遠くへ運ぶこともできませんし、効率良く売ることもできません。そこで仕方なく、残渣を乾燥させます。エタノール工場で使うエネルギーの40%は残渣を乾燥させることに使われているそうですが、このプロセスを省略すれば、産業廃棄物の処理が滞るため、必要不可欠な支出です。

　エタノール工場側の事情だけを考えると、短時間、高温で乾燥させたほうが、効率良く産業廃棄物の処理を進めることができます。しかし、この高温で乾燥させるというプロセスは、飼料原料としてのDDGSに致命的なダメージを与えてしまいます。高温での乾燥により「焦げて」しまえば、タンパクが変性してしまい、消化率が大きく低下してしまうからです。

　例えば、バーベキューで焼く肉の事を想像してみてください。適度にグリルされた肉は香ばしくて美味しく、消化率も高めますが、焦げて灰のようになってしまった肉は、食べても美味しくありませんし、きちんと消化されません。

　コーンからエタノールを作っている工場の立場では、産業廃棄物の栄養価や消化性など、ハッキリ言うと「どうでもいいこと」です。「誰か知らない他人がゴミを拾って牛に喰わせている」、これがエタノール工場側の認識かもしれません。その「ゴミ」の栄養成分や消化率のことを、エタノール工場側が真剣に考えてくれていると期待するほうが間違っています。

　栄養成分と消化率のバラつき、これは副産物飼料の宿命です。副産物飼料とは、基本的に他業界の産業廃棄物であり、それ以下でもそれ以上でもありません。極論すると「ゴミ」です。であれば、ゴミを再利用している側が、その限界について現状を認識し、対策を練らなければなりません。DDGSの場合、昔は、色が濃い茶色で焦げ臭がするものも多く出回っていましたが、今では少なくな

りました。しかし、同じような問題は、潜在的に、どの副産物飼料にも存在しているはずです。

　カリフォルニア州の酪農場では、さまざまな副産物が飼料原料として利用されています。レモンの搾り粕（**図3-3-1**）、規格外のニンジン（**図3-3-2**）やジャガイモ（**図3-3-3**）、アーモンド外皮（**図3-3-4**）、これらはすべてカリフォルニア州の農場の飼料原料貯蔵エリアに積まれていたものです。

　当然、栄養成分に大きなバラつきがあることが予測されます。理想を言えば、飼料設計をする前にキチンと栄養成分を分析すべきです。しかし、たいていの場合、このような副産物飼料は数日で使い終えてしまいます。サンプルを採って、分析に出し、分析結果が出る頃には、もう使い終えている状態です。乾燥したものであれば「分析結果が出るまで使うのを待つ」という方

図3-3-1　カリフォルニア州の農場に届けられたレモンの搾り粕

図3-3-2　カリフォルニア州の農場で山積みになった規格外のニンジン

図3-3-3　カリフォルニア州の農場で山積みになった規格外のジャガイモ

策も取れますが、レモンの搾り
粕のように、水分の多いモノは
腐ってしまいます。どのように
対応すべきでしょうか。

図3-3-4　カリフォルニア州の農場に届けられたアーモンド皮

　このような他業界から出てく
る産業廃棄物を使わないという
のは、もったいない話です。タ
ダ同然で入手できるものを使わ
ないという選択肢はありません。しかし、きちんと分析してから飼料設計に組
み込むという選択肢もありません。時間の余裕がないからです。それでも、栄
養成分のバラつきにより乳牛の生産性が低下するという事態は避けなければな
りません。酪農家や栄養コンサルサントは、どのように対応しているのでしょ
うか。

　飼料設計には、当たらずとも遠からずという「既定値」あるいは「平均値」
を使っているようです。そして、万が一、実際の栄養成分が想定とかけ離れた
ものであっても、その影響が最小限で済むように、給与量を限定するというア
プローチを取っています。仮に、タンパクが15％と想定していたのに、実際
には10％しかなかった場合、その副産物飼料をTMR中10％含めるような設
計では、タンパクの給与量が不足してしまいます。

　しかし、その副産物飼料の給与量がTMRの1％以下であれば、一飼料原料
の10～15％のタンパク含量の違いも、全体から見れば「誤差の範囲内」にな
ります。多様な副産物飼料を種類を多く、少しずつ使う——これは、たとえ一
部の飼料原料で栄養成分がバラついても、全体として大きくハズさないための
現実的なアプローチです。

第3部　ここはハズせない粗飼料を使いこなすための基礎知識

第4章　乾乳牛が粗飼料に求めるものを理解しよう

▶泌乳牛と乾乳牛の違い

　これまで、泌乳牛を念頭において、粗飼料の質を定義したり、粗飼料を使いこなすための基本を考えてきました。次に、乾乳牛について考えてみましょう。「消化性」と「物理性」、この二つは泌乳牛が粗飼料に求めているものですが、乾乳牛ではどうなのでしょうか。

　乾乳牛は産乳していないため、エネルギーの要求量を充足させるのは簡単です。生体維持と妊娠に必要なエネルギーは、簡単に摂取できます。そのため、たとえエネルギー濃度の低い粗飼料を給与していても、エネルギー不足になることは、ほとんどありません。逆に、乾乳中は肥らないように配慮することのほうが大切になるくらいです。

　さらに、穀類を多給していないため、粗飼料の物理性も重要ではありません。粗飼料に物理性が足りていなくても、ルーメン発酵量そのものが低いため、ルーメンの発酵酸バランスを取るために必要な粗飼料の量も少なくなります。このように、「消化性」も「物理性」も重要ではないとすれば、乾乳牛は粗飼料に何を求めているのでしょうか。

　乾乳牛の栄養管理で最も大切なのは、分娩直後の代謝障害のリスクを低くすることですが、粗飼料に何ができるのでしょうか。乾乳中、牛は肥りやすくなります。エネルギー要求量が低いので、必要としている以上のエネルギーを簡単に摂取してしまいます。しかし、分娩前のエネルギーの過剰摂取は、分娩後

のケトーシスのリスクを高めるため、分娩前はエネルギーの摂取量の制限、「ダイエット」が必要です。

　粗飼料のエネルギー価は比較的低いですが、量を食べればエネルギーの過剰摂取になります。とくに、コーン・サイレージなどのホール・クロップ・サイレージを乾乳牛に給与すれば、簡単にエネルギーの摂り過ぎになります。消化性の高い粗飼料も同じです。かなりの量を食べられるので、「配合飼料を給与しない」というだけでは、ダイエットになりません。このように、泌乳牛にとって「良い」粗飼料が、乾乳牛にとっては害になり得るのです。

　乾乳牛が粗飼料に求めるもの、それはエネルギー価の低い、かさばる粗飼料だと言えるかもしれません。ダイエットをするときのことを考えてください。食べる量を減らすだけのダイエットでは、逆効果になるケースもあります。我慢できなくなったときに爆食してしまい、リバウンドしたという経験を持っておられる方も多いかと思います。お腹が空けばひもじい思いをするので、カロリーが比較的少なくてお腹に溜まるものであれば、食べる量は制限しないようにしようというダイエット法もあります。例えば、サラダに塩をかけて食べたり、コンニャクやリンゴを食べるのは無制限に許す……といった感じです。

　乳牛にとって、人間のコンニャクにあたるもの、エネルギー価の低いものは何でしょうか。それはワラです。ワラであれば、飽食してもエネルギーの過剰摂取になることはありません。消化性が低く、ルーメン内での発酵速度も遅いので、ルーメンに溜まります。言い換えれば、「腹持ちの良い」粗飼料です。ダイエットには向いています。

　泌乳牛は、いわばアスリートです。運動をしているアスリートがどれだけ食べても肥らないのと同じで、高泌乳牛がエネルギーを摂り過ぎることはありません。しかし、乾乳牛は、お腹に脂肪が溜まりやすい中高年です。食べるものに気をつけないと、すぐに肥ります。

▶乾乳牛へのワラ給与

　乾乳期のエネルギーの過剰摂取、そして分娩後の代謝障害のリスクを低下させるために、乾乳牛にワラを給与する方が増えています。いわば「ダイエット」です。乾乳牛へのワラ給与の問題点は、嗜好性です。基本的にワラは消化性が低く、バリバリのワラを喰わせようとしても、牛は選り喰いをして飼槽に残したり、ワラがたくさん入ったTMRを好んで食べようとしません。

　もし、乾乳牛の乾物摂取量（DMI）が激減し、エネルギー失調になって、分娩前に痩せてしまえば、それは肥り過ぎと同じくらい避けなければならないことです。というよりも、分娩前に痩せてしまえば、本末転倒です。分娩後の代謝障害のリスクが、さらに高まってしまうからです。乾乳牛の「ダイエット」の目的は、体重やボディ・コンディション・スコア（BCS）を落とすことではありません。肥りやすい時期に肥らせない、言い換えれば、同じBCSを乾乳期間中ずっと維持させることです。分娩移行期の代謝障害を少なくするためには、乾乳牛にワラ入りのTMRをしっかり喰わせることが重要です。

　ワラの給与量の多いTMRでDMIを高めるには、どうすれば良いのでしょうか。ここで、カナダのゲルフ大学で行なわれた試験の内容を紹介したいと思います。一連の研究で、TMRへの加水、ワラの細切断、TMRへの糖蜜添加の効果を調べました（Havekes et al., 2019）。

　TMRへの加水の効果を調べた研究では、分娩予定日の45日前から、40頭の牛に麦ワラ含量の高いTMR（CP11. 6％、NE_L1.35Mcal／kg）を給与しました。TMRのワラ含量は乾物ベースで35％です。20頭の牛には水を加えたTMR（乾物：45.4％）、残りの20頭の牛には水を加えないままのTMR（乾物：53.6％）を給与しました。

　試験結果ですが（**表3-4-1**）、TMRに加水してもDMIは変わりませんでし

た。しかし、加水により TMR が食べやすくなったのか、採食スピードが上が
り、採食時間が短くなりました。さらに、TMR の選り喰いも少なくなりまし
た。加水していない TMR を給与された牛の選り喰い指数（Sorting Index）は
81.8％でしたが、加水された TMR を給与された牛の選り喰い指数は 95.6％で
した。

　「選り喰い指数」は、TMR の切断長の長い部分の摂取量が、想定される摂
取量の何％かを計算して出てくる値です。この値が 100％以下であれば、選り
喰いして摂取量が低くなっていることを意味し、この指数が低ければ低いほど、
牛は選り喰いして、TMR 中の長モノをそれだけ多く飼槽に残していることを
意味しています。この試験データは、TMR への加水により、牛はワラをしっ
かり食べたことを示しています。

　TMR に含める麦ワラの切断長の効果を調べた研究では、分娩予定日の 45
日前から、麦ワラ含量の高い TMR（CP13.2％、NE_L1.50Mcal ／ kg）を給与し
ました。この試験での TMR 中のワラ含量は乾物ベースで 29％でした。ワラは、
穴サイズが 10.2cm のふるいか（粗切断）、穴サイズが 2.5cm のふるい（細切断）
を使って切断して、それぞれ TMR に組み込みました。

表3-4-1 ワラ含量の高い TMR への加水の効果（Havekes et al., 2019）

	加水なし	加水あり
乾物摂取量、kg ／日	13.8	14.2
採食時間、分／日 *	205	174
1 回あたりの採食時間、分 **	60.7	51.9
採食スピード、kg 乾物／分 **	0.08	0.09
選り喰い指数、% **	81.8	95.6

* 統計上の傾向あり、** 統計上の有意差あり

　試験結果を**表3-4-2**に示しましたが、細切断されたワラを給与された牛は、粗切断された長いワラを給与された牛と比べて、選り喰いする程度が少なくなりました（選り喰い指数が100%に近い）。そして、DMIが高くなり、分娩直前1週間のDMI低下度合いも少なくなりました。この試験では、分娩後にルーメンpHもモニタリングしましたが、分娩前に細切断された麦ワラを給与された牛は、分娩直後1週間、ルーメンpHが高くなりました。ワラを細切断することによって、分娩直前のワラの摂取量が増え、ルーメン環境が安定したのかもしれません。さらに、分娩前に細切断されたワラを給与された牛は、分娩して3週間後の血中ケトン体濃度も低くなりました。これは、分娩後のエネルギー状態が改善されたことを意味しています。

表3-4-2 麦ワラの切断長の効果（Havekes et al., 2019）

	粗切断	細切断
乾物摂取量、kg／日 **	15.0	15.6
選り喰い指数、% **	80.2	88.4
分娩後3週目の血中ケトン体、mM**	1.3	0.8

** 統計上の有意差あり

表3-4-3 ワラ含量の高いTMRへの糖蜜添加の効果（Havekes et al., 2019）

	糖蜜なし	糖蜜添加
乾物摂取量、kg／日 **	13.8	15.1
1回あたりの採食時間、分	60.4	48.3
採食スピード、kg乾物／分 **	0.08	0.10
選り喰い指数、% **	81.9	94.5
分娩後の選り喰い指数、% **	95.3	100.3

* 統計上の傾向あり、** 統計上の有意差あり

TMRへの糖蜜添加の効果を調べた研究も、上記の二つの試験と同様、分娩予定日の45日前から40頭の牛に、麦ワラ含量の高いTMR（乾物ベースで35％、CP11.6％、NE$_L$1.35Mcal／kg）を給与しました。糖蜜を1kg添加したTMRでは栄養成分が若干高くなりましたが（CP11.7％、NE$_L$1.38Mcal／kg）、大きな差ではありません。

　結果を**表3-4-3**に示しました。糖蜜添加により、嗜好性が高まったのでしょうか、糖蜜が添加されたTMRを給与された牛は、選り喰いの度合いが減り（選り喰い指数が100％に近い）、採食スピードが高くなり、採食時間も短くなりました。さらにDMIが1.3kg／日も高くなりました。興味深いことに、分娩前に糖蜜添加TMRを給与された牛は、分娩後に泌乳牛用のTMRを給与されたときにも、選り喰いせず、TMR中の長モノを残さずに喰いました。逆に言うと、糖蜜を添加されなかったTMRを分娩前に喰った牛は、選り喰いするクセがついてしまい、分娩後も選り喰いを続けたのです。

　これらの試験データは、ワラ含量の高いTMRを給与するときには、ワラを細切断したり、TMRに加水したり、糖蜜を添加することで、選り喰いしにくくすることが重要であることを示しています。私自身の経験ですが、5年ほど前に、大学の研究農場でクロース・アップの牛にワラ含量が30％くらいのTMRを給与し始めたときに、上手くいかなかったことを覚えています。分娩前のDMIが低下しすぎて、逆に代謝障害の問題が増えてしまいました。

　そのときに取った対策ですが、1）乾乳前期の牛にもワラを給与して慣れてもらう、2）ワラを細切断して選り喰いしにくいようにしました。その後、牛はワラが大量に入ったTMRを喰うようになり、分娩前後の問題が激減しました。分娩前のエネルギー過剰給与を避けるのは大事ですが、何も考えずにワラをTMRに入れるだけでは失敗するケースもあります。牛が選り喰いせずにしっかりとTMRを喰っているかどうかを確認することは重要なポイントになります。

▶粗飼料のカリ含量・DCAD値

　分娩直後にリスクの高まる、もう一つの代謝障害は低カルシウム血症、乳熱です。低カルシウム血症とは、泌乳開始とともに起こるカルシウムの需要の急激な変化についていけず、血液中のカルシウム濃度が減少してしまう代謝障害です。血中のカルシウム濃度が半分になってしまえば、牛は乳熱、起立不能になります。これは臨床性の低カルシウム血症です。この代謝障害は、乾乳牛に給与する粗飼料の「質」により、リスクが高くなったり、低くなったりします。少し考えてみましょう。

　糞尿が大量に散布された圃場で生育した粗飼料は、カリ（K）含量が高くなります。カリ含量が高い粗飼料を摂取した乾乳牛は、分娩後に乳熱や低カルシウム血症になるリスクが高くなります。それは、カリを過剰に摂取すると、血液中のカルシウム濃度を一定に保つために必要な副甲状腺ホルモン（PTH）の働きが弱まるからです。そのメカニズムを簡単に説明しましょう。難しい話が苦手な方は数ページほど読み飛ばしてください。

　血液中のカルシウム濃度が低くなると、乳牛は副甲状腺ホルモンを分泌します。このホルモンは、血液中のカルシウム濃度を元のレベルに戻すために、さまざまな臓器に働きかけます。骨や腎臓は、副甲状腺ホルモンが分泌されたときに反応できるように、ホルモンに対する受容体を持っています。イメージとしては、ホルモンがカギ、受容体がカギ穴です。カギがカギ穴に入って回転することで、ドアのロックが解除されるのと同じように、副甲状腺ホルモンが受容体に引っ付くことで、血液中のカルシウム濃度を高めるためのさまざまな反応が起こります。

　骨の「カギ穴」に入った副甲状腺ホルモンは、骨に溜めてあるカルシウムを血液中に放出させます。腎臓の「カギ穴」に入った副甲状腺ホルモンは、尿として排泄されるカルシウムの量を減らします。肝臓の「カギ穴」に入った副甲

状腺ホルモンは、ビタミンDを活性化させ、小腸からのカルシウム吸収を高めようとします。

　副甲状腺ホルモンは、血液中のカルシウム濃度が低下するときに分泌されますが、その働き具合は、骨や各臓器がメッセージをきちんと受け取れるかどうかにかかっています。カギがカギ穴に入らなければロックを解除できないように、副甲状腺ホルモンが、その受容体に引っ付かなければ、カルシウム濃度を高める生理的な反応は起こらないのです。

　血液のpHは、この受容体の形に影響を与えます。カギ穴の例えを使って説明すると、「カギ穴の形が変わってしまい、カギが入りにくい状態」になります。副甲状腺ホルモンが分泌されても、そのメッセージが骨や腎臓などに伝わりにくくなるのです。血液のpHは、通常7.4に保たれていますが、7.35～7.45くらいの範囲で微妙に変化します。

　乳牛が摂取するミネラルは、血液のpHを決める大きな要因です。硫黄（S）や塩素（Cl）など、マイナスの電荷を持つミネラルは血液のpHを下げるのに対して、カリ（K）やナトリウム（Na）など、プラスの電荷を持つミネラルは血液のpHを上げます。これがカリの過剰摂取が、乳熱を引き起こすメカニズムと関連があります。

　カリの過剰摂取により、わずかですが血液のpHが高くなります。血液のpHが上がると、副甲状腺ホルモンの受容体の形が変わり、ホルモンが引っ付きにくくなります。そうなると、ホルモンが出す指示、「カルシウムが足りないから何とかしてくれ！」というメッセージが伝わりにくくなり、カルシウム濃度を高めるためのアクションが起こりません。そして、血液中のカルシウム濃度がどんどん低下していくのです。つまり、乳牛が摂取するカリは、血液のpHを高めることで、副甲状腺ホルモンの働きを弱め、低カルシウム血症のリスクを高めるのです。

　ではどうすれば、このリスクを低くできるのでしょうか。一番簡単な方法は、カリの摂取量を低くすることです。粗飼料はカリの供給源です。カリは乳牛が必要としている栄養素です。牛乳に含まれているミネラル成分で最も濃度が高いのはカリです。カルシウムではありません。しかし、乾乳牛はカリを多く必要としていません。必要以上のカリの給与は「百害あって一利なし」です。

　乳熱のリスクを低くするためにできる、もう一つの方法は、マイナスの電荷を持つミネラル（陰イオン塩）のサプリメントです。これには、硫黄（S）や塩素（Cl）などが含まれます。これらのミネラルの摂取量が高まれば、血液のpHは下がり、副甲状腺ホルモンの受容体は、ホルモンを認識しやすくなります。カギがカギ穴に、スッと入りやすくなる感じです。

　粗飼料との関連から、カリの過剰給与の問題を説明してきましたが、血液のpHを高めるのは、カリだけではありません。プラスの電荷を持つ、ほかのミネラル、例えば、ナトリウム（Na）も血液のpHを高めるので、ナトリウムの過剰摂取も問題です。ただ、粗飼料のナトリウム含量は、カリと比べて非常に低く、乳熱を引き起こす要因とはなりにくいため問題視されていないだけのことです。

　しかし、サプリメントの形でナトリウムを過剰給与しないように注意すべきです。例えば、重曹にはナトリウムが入っているので、乳熱のリスクが高まります。乾乳牛に重曹をサプリメントすることは問題です。しかし、塩（NaCl）は問題ありません。塩には、プラスの電荷を持つナトリウム（Na）とマイナスの電荷を持つ塩素（Cl）の両方が含まれており、お互いの影響を打ち消しあって、文字どおり「プラス・マイナス・ゼロ」の状態にします。低カルシウム血症のリスクを高めることもありませんし、低くすることもありません。

　このように考えると、カリの摂取量そのものが問題ではないことに気づきます。たとえカリの摂取量が高くても、それに見合う塩素（マイナスの電荷を持

つミネラル）も摂取させれば、カリの持つ悪影響を打ち消すことができるからです。要するに、ミネラルの一つ一つが問題なのではなく、全体のバランスが問題なのです。

　カリやナトリウム、塩素、硫黄、これら血液のpHに影響を及ぼし得るミネラル・バランスをひとまとめにした指標、数値があると便利ですが、それがDCAD値です。DCADとは、Dietary Cation Anion Differenceという英語の略語で、ミネラル・バランスを指す語句です。ナトリウム（Na）やカリ（K）の給与量が増えればDCAD値が高くなり、硫黄（S）や塩素（Cl）の給与量が増えればDCAD値は低くなります。DCAD値は、低カルシウム血症、乳熱のリスクと直結する数値だと言えます。

　分娩直前のクロース・アップ牛にとって、「粗飼料の質」はカリ（K）含量が低い、あるいはDCAD値が低い粗飼料だと定義できます。誤解を恐れず極論を言えば、消化性や物理性といった、これまで考えてきた粗飼料の質は、クロース・アップ牛にとって重要ではありません。すでに述べたように、乾乳中はエネルギー不足よりもエネルギーの過剰給与のほうが問題になるため、消化性の低いワラを給与することが推奨されているくらいです。消化性が高い粗飼料を給与するメリットは、ほとんどありません。乾乳中はアシドーシスになるリスクも低いため、粗飼料の物理性も重要ではありません。クロース・アップ牛にとって「最高の粗飼料」とは、カリ含量が低く、DCAD値が低い粗飼料と言えるかもしれません。

　カリ含量が高い粗飼料の扱いは面倒です。エネルギーが足りない、タンパクが足りない、といった栄養不足の問題は簡単に解決できます。「足りない」ものは補えば良いからです。しかし、過剰なものへの対応は、「補う」というアプローチが取れないので、対応が難しくなります。これは、栄養成分としてのミネラル摂取量が足りているかどうかという議論とは別次元の問題です。DCAD値は、乳牛の健康に寄与する粗飼料の「機能性」を示す指標となります。

　10年ほど前に、DCAD値の異なるチモシー乾草の比較試験を行ないました。DCAD値が217mEq／kgという普通のチモシー乾草と、DCAD値が14mEq／kgという低DCADチモシー乾草をクロース・アップ牛に給与して、分娩後の血液中のカルシウム濃度を評価しました。その試験結果を**図3-4-1**に示しました。高DCADチモシー（普通の乾草）を給与された牛は、分娩直後に血中カルシウム（Ca）濃度が20％ほど低下しましたが、低DCADチモシーを給与された牛は低カルシウム血症になりませんでした。この試験結果は、クロース・アップ牛にとって、DCAD値が「粗飼料の質」の重要な指標となることを示しています。

　もし、カリ含量が高く、DCAD値の高い粗飼料を使うしか選択肢がない場合、カリの摂取量に見合った陰イオン塩（S、Cl）をサプリメントして、DCAD値を下げる必要があります。しかし、このタイプのサプリメントは嗜好性が悪く、DMIの低下などの副作用が懸念されるアプローチです。分娩前にDMIが下がってしまえば、第四胃変位やケトーシスなど別の代謝障害のリスクが高くなります。

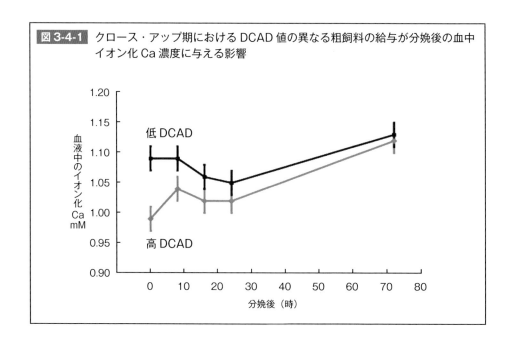

図3-4-1　クロース・アップ期におけるDCAD値の異なる粗飼料の給与が分娩後の血中イオン化Ca濃度に与える影響

乳熱予防のベストの対応策は、クロース・アップ牛用にカリ含量の低い粗飼料を給与することです。粗飼料のもともとのカリ含量が低ければ、たとえDCADを下げるサプリメントを給与しなければならなくても、その量を最小限に抑えられ、DMIを低下させてしまうこともないでしょう。

　酪農家の中には、「カリが低い」という一点に絞ってクロース・アップ牛用の粗飼料を購入している方もおられます。粗飼料を自給している酪農家でも、自分の圃場でカリ含量の低い粗飼料を収穫できないのであれば、クロース・アップ牛用にカリ含量の低い乾草を購入するのは賢明な判断と言えます。

　粗飼料のDCAD値は、圃場のマネージメント（K含量の高い糞尿の投下量）だけでなく、産地の土壌の性質からも大きな影響を受けます。輸入乾草のミネラル値を見てみると、安定的にK含量の低い乾草を生産している地域もあれば、Cl含量が高い乾草を生産している地域もあります。その逆に、K含量が常に高い地域もあります。輸入牧草を購入している酪農家では、比較的簡単にクロース・アップ牛専用の乾草を確保できるかもしれません。チェック・ポイントは、カリ含量とDCAD値です。

　泌乳牛の生産性を最大に引き出せる粗飼料が、乾乳牛にとっても理想的な粗飼料であるとは限りません。消化性が低く、カリ含量やDCAD値も低い乾草は、乾乳牛にとって理想的な粗飼料と言えます。嗜好性に問題がなく、乳牛が喰ってくれれば最高です。しっかり喰い込める粗飼料は、ルーメンを活発に動かすことができ、第四胃変位になりにくい状態を維持できますし、消化性が低ければ、乾乳中に肥らせることもないでしょう。カリ含量やDCAD値が低ければ乳熱、低カルシウム血症のリスクも下げられます。泌乳牛用としては価値が低く見えるものでも、乾乳牛用としては「掘り出し物」となる粗飼料があるかもしれません。

　乾乳牛が粗飼料に求めているものは、泌乳牛とは異なるのです。

大場 真人

【著者略歴】
北海道別海町での酪農実習の後、ニュージーランド、長野県で農場に勤務
青年海外協力隊隊員としてシリアの国営牧場に勤務（1990～1992年）
アメリカ アイオワ州立大学 農学部 酪農学科を卒業（1995年）
アメリカ ミシガン州立大学 畜産学部で博士号取得（2002年）
アメリカ メリーランド大学 畜産学部でポスドク研究員および講師として勤務（2002～2004年）
カナダ アルバータ大学農学部 乳牛栄養学・助教授（2004～2008年）
カナダ アルバータ大学農学部 乳牛栄養学・准教授（2008～2014年）
カナダ アルバータ大学農学部 乳牛栄養学・教授（2014年7月より）

【研究分野】
移行期の栄養管理、ルーメン・アシドーシスなど、乳牛を対象にした栄養学、代謝生理学を専門に研究
Journal of Dairy Scienceなどの主要学会誌に掲載された研究論文が合計100稿以上
日本、アメリカ、カナダの酪農業界紙への寄稿は合計120稿以上
2014年よりJournal of Dairy Science誌の栄養部門の編集者
2017年、アメリカ酪農学会で「乳牛栄養学研究奨励賞」を受賞

【日本語での著書】
『実践派のための乳牛栄養学』2000年2月発行 Dairy Japan
『DMIを科学する』2004年7月発行 Dairy Japan
『移行期を科学する～分娩移行期の達人になるために～』2012年10月発行 Dairy Japan
『ここはハズせない乳牛栄養学❶～乳牛の科学～』2019年4月発行 Dairy Japan

ここはハズせない乳牛栄養学❷
～粗飼料の科学～
大場 真人

2020年10月1日発行
定価3,200円＋税

ISBN　978-4-924506-76-3

【発行所】
株式会社デーリィ・ジャパン社
〒162-0806　東京都新宿区榎町75番地
TEL 03-3267-5201　FAX 03-3235-1736
HP：dairyjapan.com　e-mail：milk@dairyjapan.com

【デザイン・制作】
見谷デザインオフィス

【印刷】
渡辺美術印刷㈱

ENRAKUREN

初乳粉末製品　　　　　　　全酪連の牛用混合飼料

GOOD START

グッドスタート プレミアム　内容量 250g/袋

PREMIUM

免疫グロブリン
70g／袋以上
含有

初乳が足りない時、イザという時の備えに、グッドスタートプレミアムが皆さんのお役に立ちます。

グッドスタートプレミアムの特徴

○ 作業性は「 3楽 」

〜 溶かすも楽 、給与も楽 、片付け作業も楽々 〜

何かと余裕がなく、慌ただしい子牛の分娩。
そんな時でも、溶解性に優れているグッドスタートプレミアムを使えば、
最後の洗浄作業と片付けまでスムーズにできます。

○ 機能性の良さ

免疫グロブリンを70g／袋 以上含有。

エネルギー源となる吸収効率の高い中鎖脂肪酸を配合
初生子牛に必要不可欠な吸収効率の高いエネルギー源も配合。
全酪連の代用乳「カーフトップシリーズ」に使用される油脂がベース。

機能性に優れた全卵粉末やビフィズス菌、乳酸菌を配合
子牛の腸内環境の適正化をはかれる内容になっています。

製品紹介サイトはこちら

お問い合わせ先

全国酪農業協同組合連合会

札幌支所 011(241)0765	仙台支所 022(221)5381	栃木駐在員事務所 028(689)2871	近畿事務所 0794(62)5441
釧路事務所 0154(52)1232	北東北事務所 019(688)7143	名古屋支所 052(209)5611	三次事務所 0824(68)2133
帯広事務所 0155(37)6051	東京支所 03(5931)8011	大阪支所 06(6305)4196	福岡支所 092(431)8111
道北事務所 01654(2)2368	北関東事務所 027(310)7676	中四国事務所 0868(54)7469	南九州事務所 0986(62)0006

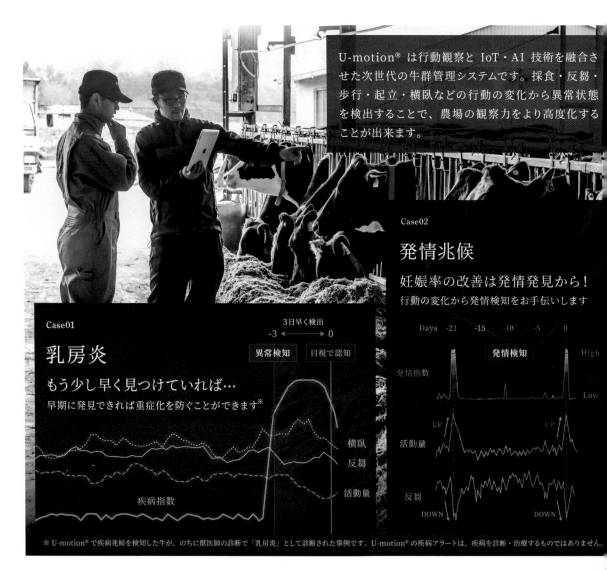

「食い込み」を実感するなら

イーストカルチュアー
シリーズ

アイオワ州Diamond V社で1943年から製造されている製品です。ナスアグリサービスでも日本国内で35年以上販売しています。イースト菌を発酵させ培養する過程で生産される栄養代謝産物「メタボライト」がルーメンバクテリアを増加させ、乾物摂取量のアップ、繁殖成績の向上、ボディコンディションの維持、乳量のアップなどが期待できます。

ーストカルチュアーに硫酸亜鉛メチオニンを添加したホワイト、セレンを添加したシナジーなど目的に合わせて種類を取り揃えています。

ずはップドレスでえてみてください

ーストカルチュアーは飼料した栄養成分に影響なく、摂取量が向上します。残飼困りならば、トップドレスえてみてください。

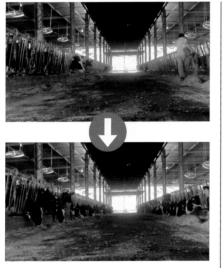

イーストカルチュアーによる三大効果

飼料の**消化率を改善する**

飼料の**嗜好性をあげる**

生産のための**栄養を最大にする**

料のムダがくなります

ーストカルチュアーXPの給与前と後の未消化物の分析結果。

ピークの牛群に1頭あたり100gMRで給与。21日後には消化率がされ、さらに群平均の乳量も増加た。

トップ　　XP未使用

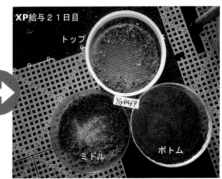

XP給与21日目
トップ
ミドル　　ボトム

ナスアグリサービス
NASU AGRI SERVICE Inc

〒107-0052　東京都港区赤坂 8-7-1
TEL03-3404-7431　FAX03-3404-7432
http://www.nastokyo.co.jp/

Facebookで
全国の酪農情報を
配信しています。

https://www.facebook.com/nastokyo

meiji

北欧の豊かな海が育てた、天然ミネラル飼料

吸収性の高いカルシウムとマグネシウムを含有しています。
また高いｐＨ緩衝力でルーメンアシドーシス対策に最適です

BLUE CONCIER

ブルーコンシェル

https://www.meijifeed.co.jp　明治飼糧株式

飼料の名称：ブルーコンシェル　飼料の種類：混合飼料　荷姿：20kg紙袋　原材料名：石化海藻粉末　含有する飼料添加物の名称：酸化マ